中國古代鹽運聚落與建築研究叢書

中国古代盐运聚落与建筑研究丛书

丛书主编　赵逵

长芦盐运古道上的聚落与建筑

赵逵　王特　著

四川大学出版社
SICHUAN UNIVERSITY PRESS

图书在版编目（CIP）数据

长芦盐运古道上的聚落与建筑 / 赵逵，王特著．一
成都：四川大学出版社，2023.9
（中国古代盐运聚落与建筑研究丛书 / 赵逵主编）
ISBN 978-7-5690-6257-1

Ⅰ．①长… Ⅱ．①赵… ②王… Ⅲ．①聚落环境—关
系—古建筑—研究—天津 Ⅳ．① X21 ② TU-092.2

中国国家版本馆 CIP 数据核字（2023）第 143035 号

书　　名：长芦盐运古道上的聚落与建筑
　　　　　Changlu Yanyun Gudao Shang de Juluo yu Jianzhu
著　　者：赵　逵　王　特
丛 书 名：中国古代盐运聚落与建筑研究丛书
丛书主编：赵　逵

出 版 人：侯宏虹
总 策 划：张宏辉
丛书策划：杨岳峰
选题策划：杨岳峰
责任编辑：李　耕
责任校对：梁　明
装帧设计：墨创文化
责任印制：王　炜

出版发行：四川大学出版社有限责任公司
　　　　　地址：成都市一环路南一段 24 号（610065）
　　　　　电话：（028）85408311（发行部）、85400276（总编室）
　　　　　电子邮箱：scupress@vip.163.com
　　　　　网址：https://press.scu.edu.cn
审 图 号：GS（2023）3788 号
印前制作：成都墨之创文化传播有限公司
印刷装订：四川宏丰印务有限公司

成品尺寸：170mm×240mm
印　　张：12
字　　数：182 千字

版　　次：2023 年 9 月 第 1 版
印　　次：2023 年 9 月 第 1 次印刷
定　　价：84.00 元

本社图书如有印装质量问题，请联系发行部调换

扫码获取数字资源

四川大学出版社
微信公众号

序一

"文化线路"是近些年文化遗产领域的一个热词，中国历史悠久，拥有丝绸之路、茶马古道、大运河等众多举世闻名的文化线路，古盐道也是其中重要一项。盐作为百味之首，具有极其重要的社会价值，在中华民族辉煌的历史进程中发挥过重要作用。在中国古代，盐业经济完全由政府控制，其税收占国家总体税收的十之五六，盐税收入是国家赈灾、水利建设、公共设施修建、军饷和官员俸禄等开支的重要来源，因此现存的盐业文化遗产也非常丰富且价值重大。

正因为盐业十分重要，中国历史上产生了众多的盐业文献，如汉代《盐铁论》、唐代《盐铁转运图》、宋代《盐策》、明代《盐政志》、《清盐法志》、近代《中国盐政史》等。与此同时，外国学者亦对中国盐业历史多有关注，如日本佐伯富著有《中国盐政史研究》、日野勉著有《清国盐政考》等。遗憾的是，既往的盐业研究主要集中在历史、经济、文化、地理等单学科领域，而从地理、经济等多学科视角对盐业聚落、建筑展开综合研究尚属空白。

华中科技大学赵逵教授带领研究团队多次深入各地调研，坚持走访盐业聚落，测绘盐业建筑，历时近二十年。他们详细记录了每个盐区、每条运盐线路的文化遗产现状，绘制了数百张聚落和建筑的精准测绘图纸。他们还运用多学科研究方法，对《清盐法志》所记载的清代九大盐区内盐运聚落与建筑的分布特征、形态类别、结构功能等进行了系统研究，深入挖掘古盐道所蕴含的丰富历史信息和文化价值。这其中，既有纵向的历时性研究，也有横向的对比研究，最终形成了这套"中国古代盐运聚落与建筑研究丛书"。

"中国古代盐运聚落与建筑研究丛书"全面反映了赵逵教授团队近二十年的实地调研成果，并在此基础上进行了理论探讨，开辟了中国盐业文化遗产研究的全新领域，具有很高的学术研究价值和突出的社会效益，对于古盐道沿线相关聚落和建筑文化遗产的保护也有重要的促进作用，值得期待。

（汪悦进：哈佛大学艺术史与建筑史系洛克菲勒亚洲艺术史专席终身教授）

2023 年 9 月 20 日

XU ER 序二

人的生命体离不开盐，人类社会的演进也离不开盐的生产和供给，人类生活要摆脱盐产地的束缚就必须依赖持续稳定的盐运活动。

古代盐运道路作为一条条生命之路，既传播着文明与文化，又拓展着权力与税收的边界。中国古盐道自汉代起就被官方严格管控，详细记录，这些官方记录为后世留下了丰富的研究资料。我们团队主要以清代各盐区的盐业史料为依据，沿着古盐道走遍祖国的山山水水，访谈、拍照、记录无数考察资料，整理形成这套充满"盐味"的丛书。

古盐道延续数千年，与我国众多的文化线路都有交集，"茶马古道也叫盐茶古道""大运河既是漕运之河，也是盐运之河""丝绸之路上除了丝绸还有盐"，这样的叙述在我们考察古盐道时常能听到。从世界范围看，人类文明的诞生地必定与其附近的某些盐产地保持着持续的联系，或者本身就处在盐产地。某地区吃哪个地方产的盐，并不是由运输距离的远近决定的，而是由持续运输的便利程度决定的。这背后综合了山脉阻隔、河运断续、战争破坏等各方面因素，这便意味着，吃同一种盐的人有更频繁的交通往来、更多的交流机会与更强的文化认同。盐的运输跨越省界、国界、族界，食盐如同文化的显色剂，古代盐区的分界与地域文化的分界往往存在若明若暗的契合关系。因为文化的传播范围同样取决于交通的可达范围，盐的运输通道同时也是文化的传播通道，盐的运销边界也就成为文化的传播边界，从"盐"的视角出发，可以更加方便且直观地观察我国的地域文化分区。

另外，盐的生产和运输与许多城市的兴衰都有密切关系。如上海浦东，早期便是沿海的重要盐场。元代成书的《熬波图》就是以浦东下沙盐场为蓝本，书中绘制的盐场布局图应是浦东最早的历史地图，图中提到的大团、六灶、盐仓等与盐场相关的地名现在依然可寻。此外，天津、济南、扬州等城市都曾是各大盐区最重要的盐运中转地，盐曾是这些城市历史上最重要的商品之一，而像盐城、海盐、自贡这些城市，更是直接因盐而生的。这样的城市还有很多，本丛书都将一一提及。

盐的分布也带给我们一些有趣的地理启示。

海边滩涂是人类晒盐的主要区域，可明清盐场随着滩涂外扩也在持续外移。滩涂外扩是人类治理河流、修筑堤坝等原因造成的，这种外扩的速度非常惊人。如黄河改道不过一百多年，就在东营入海口推出了一座新的城市。我从小生活在东营胜利油田，四十年前那里还是一望无际的盐碱地，只有"磕头机"在默默抽着地底的石油。待到研究《山东盐法志》我才知道，我生活的地方在清代还是汪洋一片，早期的盐场在利津、广饶一带，距海边有上百里地，而东营胜利油田不过是黄河泥沙在海中推出的一座"天然钻井平台"，这个平台如今还在以每年四千多亩新土地的增速继续向海洋扩张。同样的地理变迁也发生在辽河、淮河、长江、西江（珠江）入海口，盐城、下沙盐场（上海浦东）、广州等产盐区如今都远离了海洋，而江河填海区也大多发现了油田，这是个有意思的现象，盐、油伴生的情况也同样发生在内陆盆地。

盐除了存在于海洋，亦存在于所有无法连通海洋的湖泊。中国已知有一千五百多个盐湖，绝大多数分布在西藏、新疆、青海、内蒙古等地人迹罕至的区域，胡焕庸线以东人类早期大规模活动地区的盐湖就只剩下山西运城盐湖一处，为什么会这样？因为所有河流如果流不进大海，就必定会流入盐湖，只有把盐湖连通，把水引入海洋，盐湖才会成为淡水湖（海洋可理解为更大的盐湖）。人类和大型哺乳动物都离不开盐，在人类早期活动区域原本也有很多盐湖，如古书记载四川盆地就有古蜀海，但如今汇入古蜀海的数百条河流都无一例外地汇入长江入海，古蜀海消失了；同样的情景也发生在两湖盆地，原本数百条河流汇入古云梦泽，而如今也都通过长江流入大海，古云梦泽便消失了；关中盆地（过去有盐泽）、南阳盆地等也有类似情况。这些盆地现今都发现蕴藏有丰富的盐业资源和石油资源，推测盆地早期是海洋环境（地质学称"海相盆地"），那么这些盆地的盐湖、盐泽哪里去了？地理学家倾向于认为是百万至千万年前的地质变化使其消失的，可为什么在人类活动区盐湖都通过长江、黄河、淮河等河流入海了，而非人类活动区的盐湖却保存了下来？实际上，在人类数千年的历史记载中，"疏通河流"一直都是国家大事，如对长江巫山、夔门和黄河三门峡，《水经注》《本蜀论》《尚书·禹贡》中都有大量人类在此导江入海的记载，而我们却将其归为了神话故事。从卫星地图看，这些峡口也是连续山脉被硬生生切断的地方，这些神话故事与地理事实如此巧合吗？如果知晓长江疏通前曾因堰塞而使水位抬升，就不难解释巫山、奉节、巴东一带的悬棺之谜、悬空栈道之谜了。有关这个问题，本丛书还会有所论述。

　　盐、油（石油）、气（天然气）大多在盆地底部或江河入海口共生，海盐、池盐的生产自古以日晒法为主，而内陆的井盐却是利用与盐共生的天然气（古称"地皮火"）熬制，卤井与火井的开采及组合利用，充分体现了我国古人高超的科技智慧，这或许也是中国最早的工业萌芽，是前工业时代的重要遗产，值得深度挖掘。

　　本丛书主要依据官方史料，结合实地调研，对照古今地图，首次对我国古代盐道进行大范围的梳理，对古盐道上的盐业聚落与盐业建筑进行集中展示与研究，在学科门类上，涉及历史学、民族学、人类学、生态学、规划学、建筑学以及遗产保护等众多领域；在时间跨度上，从汉代盐铁官营到清末民国盐业经济衰退，长达两千多年。开创性、大范围、跨学科、长时段等特点使得本丛书涉及面很广，由此我们在各书的内容安排上，重在研究盐业聚落与盐业建筑，而于盐史、盐法为略，其旨在为整体的研究提供相关知识背景。据《清史稿》《清盐法志》记载，清代全国分为十一大盐区：长芦、奉天（东三省）、山东、两淮、浙江、福建、广东、四川、云南、河东、陕甘。因东北在清代地位特殊，长期实行"盐不入课，场亦无纪"，而陕甘土盐较多，盐法不备，故这两大盐区由官府管理的盐运活动远不及其他九大盐区发达，我们的调研收获也很有限，所以本丛书即由长芦等九大盐区对应的九册图书构成。关于盐区还要说明的是，盐区是古代官方为方便盐务管理而人为划定的范围，同一盐区更似一种"盐业经济区"，十一大盐区之外的我国其他地区同样存在食盐的产运销活动，只是未被纳入官方管理体制，其"盐业经济区"还未成熟。

　　十八年前，我以"川盐古道"为研究对象完成博士论文而后出版，在学界首次揭开我国古盐道的神秘面纱，如今，我们将古盐道研究扩及全国，涉及九大盐区，首次将古人的生活史以盐的视角重新展示。食盐运销作为古代大规模且长时段的经济活动，对社会政治、经济、文化产生了深远的影响。古盐道研究是一个巨大的命题，我们的研究只是揭开了这个序幕，希望通过我们的努力，能够加深社会公众对于中国古代盐道丰富文化内涵的认知和对于盐运与文化交流传播关系的重视，促进古盐道上现存传统盐业聚落与建筑文化遗产的保护，从而推动我国线性文化遗产保护与研究事业的进步。

于哈佛

2023 年 8 月 22 日

QIAN
YAN

《中国盐政史》指出："长芦产地滨海环居，迤北而南，其产盐发源最古。"长芦盐行销于华北平原，盐区跨京、津、冀、豫四地，盐区内主要依靠海河水系进行运输。其盐区范围北连京畿重地，南至河道频繁变化的黄泛区，中间又连接着太行八陉的主要陉口，盐销之地自古以来便是我国的政治与经济重地。

前言

芦从明永乐二年（1404 年）起成为沧州治所，清代沿袭，今日仍为沧州市区。明初在长芦置长芦盐运司。清初黄河多次改道山东大小清河，卷积泥沙，在出海口淤积，今海涂外扩，盐场受到干扰。清康熙十六年（1677 年）长芦盐运司移驻天津，但名号不变，直至清亡。长芦盐的产区位于今河北省和天津市境内，沿渤海湾西岸分布，南起海兴县，北至秦皇岛市山海关，是我国古代重要的海盐产区之一。长芦盐区地处华北平原，这里地势平坦，自西向东微微倾斜，给盐业运输提供了良好的地理环境。明清时期，长芦盐的产量在全国仅次于两淮，主要供应京师及周边地区，贡盐即长芦盐，故长芦盐场在明清时期全国盐场中地位十分重要。

本书的研究特色主要体现在以下三个方面：

第一，突显水运在长芦盐运中的重要作用。长芦盐区内的水运活动主要依靠海河水系来完成，华北平原的最低处在天津、沧州一带，故所有水系在此汇流入海，这也为清代天津成为长芦盐业中心提供了先决条件。

第二，笔者以《潞河督运图》为重要参考资料，将嘉庆《长芦盐法志》等文献资料与其对比研究，揭示长芦盐业与盐运聚落之间的关系。《潞河督运图》为清代乾隆年间画家江萱所画，研究者们对该画描绘的是通州通惠河石坝还是天津北运河的漕粮转运场景一直存在争议。其实我们只要细读嘉庆《长芦盐法志》，将其中的图与《潞河督运图》进行对比，就很容易判断出此画描绘的是天津长芦盐业督运的场景。此外，笔者还将《潞河督运图》与《津门保甲图说》中的天津城市格局进行对比，进一步分析长芦盐业影响下的天津城市格局，揭示了二者之间存在的重要关系。

第三，以长芦盐为线索，围绕"盐运线路—盐业聚落—盐业建筑"进行研究。虽说"盐"只是商道上众多商品中的一种，但其作为民众生活的必需品，足以成为众多商品的代表。盐的运输有着清晰的路线，这一路线同样是众多其他商品的运输路线，也是包括建筑文化在内的文化传播路线。长芦盐的运输路线密布在太行山下，连接了太行八陉的主要出口，是山西商人来长芦盐区经商的重要通道，因此，长芦盐运线路上的聚落带有山西文化特征。

本书能够出版，首先应该感谢赵迭工作室的全体成员，是大家的共同努力和研究积累，丰富和充实了本书内容。特别要感谢张钰老师，她在团队实地调研过程中给予了全方位的后勤支持，在书稿策划、出版协调过程中付出了大量的精力和心血。对陈文玲同学在后期书稿修订和地图整理与信息标示方面付出的努力，对哈佛燕京图书馆善本部王系老师提供的史料支持，在此也一并致谢。

长芦盐运古道作为一条文化传播通道，串联着沿线的聚落与建筑，使之成为"线路"上相互关联的"点"。在文化线路广受关注的今天，对长芦盐区内的盐业聚落与盐业建筑进行研究具有重要意义。

001

第一章
长芦盐业概述

003 第一节　长芦盐区概况
016 第二节　长芦盐业管理
024 第三节　长芦盐商及其活动

031

第二章
长芦盐运分区与盐运古道线路

032 第一节　长芦盐运分区
034 第二节　长芦盐运古道线路

053

第三章
长芦盐运古道上的聚落

054 第一节　产盐聚落
065 第二节　运盐聚落

目
录

MU
LU

175

参考文献

101

第四章
长芦盐运古道上的盐业建筑

102　第一节　盐业官署

122　第二节　盐业会馆

133　第三节　盐官、盐商宅居

140　第四节　盐业庙宇

147　第五节　其他建筑

165

第五章
长芦盐运视角下的建筑文化分区探讨

166　第一节　长芦盐运古道上的建筑文化交流现象

170　第二节　长芦盐运分区与建筑文化分区

第一章

长芦盐业概述

本书所探讨的清代长芦盐区，据嘉庆《长芦盐法志》记载，包括直隶九府六直隶州一百二十五州二营（约今北京大部分地区，天津全境，及河北秦皇岛、唐山、廊坊、保定、沧州、石家庄、衡水、邢台、邯郸等地，河南濮阳等地，山东宁津、庆云、东明等地），河南六府一直隶州五十三州县（约今河南安阳、鹤壁、新乡、开封、焦作、济源、郑州、许昌、周口、漯河等地）（图1-1）。

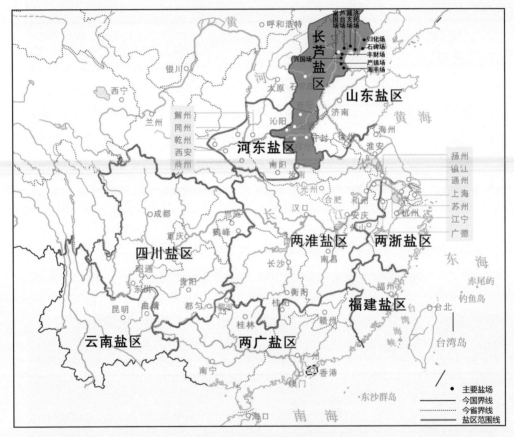

图1-1 清代全国九大盐区范围及长芦盐区主要区域与重要盐场位置示意图①

① 各盐区的范围在不同时期不断有调整，本图是综合清代各盐区盐法志的记载信息绘制的大致示意图。具体研究时，应根据当时的文献记载和实践情况来确定实际范围。

第一节

长芦盐区概况

一、长芦盐区的自然地理条件

长芦盐区地处华北平原，华北平原长期处于中国历史舞台的中心地位，这里政治斗争与军事征战频繁且激烈，经济发展也因此颇受影响。盐区北抵燕山南麓，南达大别山北侧，西倚太行山，东北临渤海，东南与泰沂山脉相望，覆盖京、津全境和河北大部及豫、鲁部分地区。盐区内部主要为平原地带，水运条件良好，盐运活动主要靠水运尤其是海河水系的水运完成。盐区西部和北部的部分地区位于盐运线路末端，稍稍深至山脉脚下，多靠车运送达。盐区南部末端位于河南省境内，跨越黄河之后大部分依靠陆运，小部分水运要依靠淮河的支流。

海河水系是中国华北地区最大的水系，其北运河、永定河、大清河、子牙河、南运河（漳卫河）五大支流，自北、西、南三面流至天津市区三岔河口处，总汇为海河干流，又东流至大沽口进入渤海。海河流域东临渤海，南界黄河，西起太行山，北倚内蒙古高原南侧边缘。海河水系整体呈发散的扇形，天津正好处于"扇柄"位置，水运可通达四方，交通优势十分明显。天津也因多条河流于此相汇，所以有"九河下梢"之称。但由于众多交错的河流不断侵蚀土壤，使得该地原本就松散的白壤流失更加严重，海水循河段向上侵蚀也加重了土壤的盐碱化，如此，天津这个"幽燕渔阳之地"在早年间实为"海滨荒地"。明清时期大运河南北全线贯通及长芦盐业的发展才使得天津城发挥出"南北往来之冲"的漕运交通优势，从而成为商贾萃集之地，最终发展成为长芦盐业中心。

二、长芦盐区的历史沿革

关于长芦盐区盐业生产的最早记载见于《周礼·职方》："东北曰幽州……其利鱼盐。"春秋战国时期，长芦盐产地位于燕齐两国交界处。大致来说，渤海湾的西北部为燕国的盐产区之一，渤海湾的东南部为齐国的盐产区之一。

西汉时期，朝廷在主要的产盐郡县设置盐官。据《汉书·地理志》，长芦盐区设有盐官4处（图1-2），分别位于渔阳郡泉州县（今天津市武清区城上村）、渤海郡章武县（今黄骅市故县村北）、辽西郡海阳县（今滦州市西南）、巨鹿郡堂阳县（今新河县新河镇）。这四地仅堂阳产土盐，其他三地产海盐。东

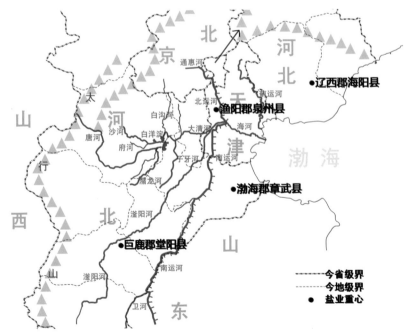

图 1-2 西汉时期长芦盐区盐业重心分布

汉沿袭西汉制度，没有太大的变化。因汉代盐官均设在产盐量大、盐业兴旺的地区，故盐官的设置反映了汉代长芦盐业生产之盛。

魏晋时期，中国进入了一个政权交替频繁的混乱时期。虽然社会经济遭到破坏，但盐在人民生活中的重要性使其成为国家命脉所系。各个割据政权均力图控制渤海附近的盐业以遏制其他势力。史籍中记载，后赵石勒曾派王述煮盐于角飞城（今黄骅市海丰镇村）。另外，北魏"高城县（在今沧州盐山县境内）东北一百里，北尽漂榆，东临巨海，民煮海水，藉咸为业"[1]。东魏时期，"自迁邺后，于沧、瀛、幽、青四州之境，傍海煮盐。沧州置灶一千四百八十四，瀛洲置灶四百五十二，幽州置灶一百八十，青州置灶五百四十六，又于邯郸置灶四，计终岁合收盐二十万九千七百二斛四升。军国所资，得以周赡矣。"[2] 以此可推断，长芦盐区在东魏时期的生产中心在沧、瀛、幽三州及邯郸（图1-3）。

隋朝将高城县改为盐山县，唐武德四年（621年）又改为东盐州。唐初，长芦盐业被称作"河北盐"，因其盐业生产中心主要在幽、平、沧、瀛四州，而这些州郡都隶属于河北道（图1-4）。值得一提的是，后唐同光三年（925年）置芦台场（今汉沽盐场），所产之盐贮于新仓（即今天津市宝坻区），并在此置榷盐院，这也是天津盐业发展的开端。

宋辽时期，两国交战多年，于澶渊之盟后出现了一段较长时间的和平期。双方以白沟河为界，南为宋地，北为辽地。此时的长芦产盐区也因此被割裂开来，宋朝主要控制长芦盐产区的沧、瀛二州，辽朝主要控制长芦盐产区的幽、平二州。

---

[1] （清）沈家本、（清）荣铨修，（清）徐宗亮、（清）蔡启盛纂：《重修天津府志》卷二十二，清光绪二十五年刻本。

[2] （北齐）魏收：《魏书》卷一百一十，中华书局，1974年，第2863页。

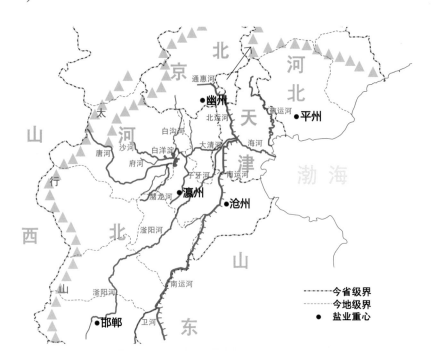

图 1-3　东魏时期长芦盐区盐重心分布

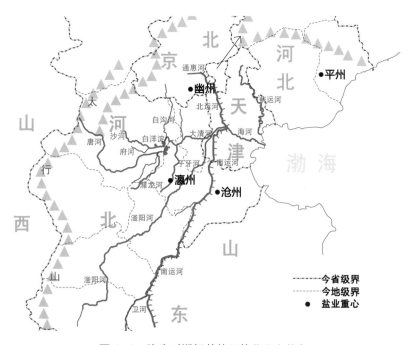

图 1-4　隋唐时期长芦盐区盐业重心分布

金代大定初年置沧州盐使司，管理沧州盐业，可见其重点产盐区位于沧州（图1-5）。北场宝坻、静海一带稍次。此外，平滦一带起初有盐场，后于大定十三年（1173年）二月，"并榷永盐为宝坻使司，罢平、滦盐钱"①。

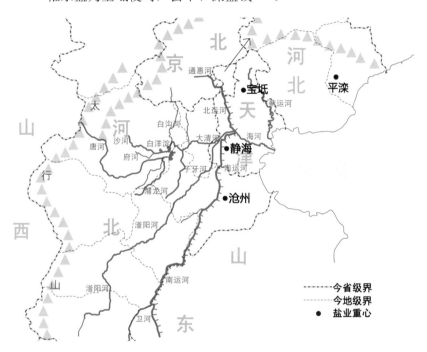

图1-5 金代长芦盐区盐业重心分布

元代长芦盐业得到大规模发展，长芦盐场多达22场，按地理位置分，南场12场，隶河间盐运司，北场10场，隶大都盐运司。后大都盐运司并于河间盐运司。元代长芦盐产量一般在40万引（约8万吨）左右，多时达45万引（约9万吨），约占全国总产量的16%。②此时的长芦盐区盐业重心仍在沧州

① （元）脱脱等：《金史卷》四十九，中华书局，1975年，第1095页。
② 刘洪升：《试论明清长芦盐业重心的北移》，《河北大学学报》（哲学社会科学版），2005年第3期。

一带，但北场之兴盛已初现端倪。天津地区曾设立三叉沽盐场（三叉沽，又作"三汊沽""三岔沽"），其附近的盐运与漕运十分兴旺（图1-6、图1-7）。

注：本图摄于天津市博物馆。

图1-6　元代《三叉沽创立盐场碑记》

注：本图摄于天津市博物馆。

图1-7　元代三叉沽船运场景

明初设北平河间盐运司于长芦，后改名为长芦都转运盐使司，简称长芦盐运司，"长芦盐"自此得名。明代长芦盐场的分布基本沿袭元朝，仅增设了海盈、归化两场，于是长芦盐区的盐场在明代达到了24场，约占全国盐场总数的16.2%。此时长芦盐场分南北场，分别由沧州、青州二分司管辖，南北各有12场（表1-1、图1-8）。明代前期与中期长芦盐区的盐业重心均在沧州附近。自明后期开始，长芦盐区的生产中心及管埋中心初现北移之趋势。

表 1-1　明洪武二年（1369 年）长芦盐区所辖 24 场简况表

隶属	场名	场址
沧州分司（南场）	利国场	盐山县韩村
	利民场	沧州毕孟镇
	海丰场	盐山县羊儿庄
	阜民场	盐山县常葛
	阜财场	盐山县高湾
	益民场	盐山县范二庄
	润国场	盐山县常葛附近
	海阜场	盐山县羊儿庄附近
	深州海盈场	盐山县苏基
	海盈场	盐山县苏基
	海润场	盐山县板塘
	富民场	盐山县崔家口
青州分司（北场）	严镇场	沧州同居
	越支场	丰润县越支
	石碑场	乐亭县石碑
	济民场	滦州柏各庄
	惠民场	昌黎县蒲泊
	归化场	抚宁县盐务镇
	富国场	静海县咸水沽
	兴国场	静海县高家庄
	厚财场	静海县高家庄附近
	丰财场	静海县葛沽
	三叉沽场	天津卫大直沽
	芦台场	宝坻县芦台

注：整理自杨荣春《明清长芦严镇场考略》,《盐业史研究》2014 年第 2 期。

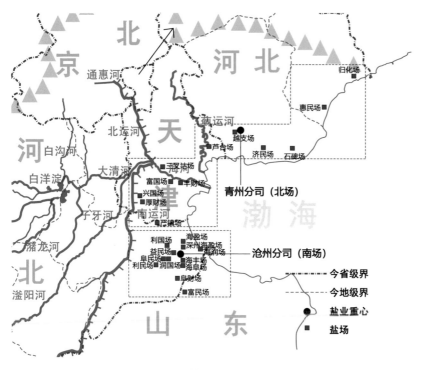

图 1-8　明代长芦盐业重心及盐场分布图

　　清代，长芦盐的产地渐显北盛南衰之势，盐业重心移至天津。天津分司（原青州分司）所辖的芦台场、兴国场、富国场、丰财场逐渐成为长芦盐的主要产地。清初长芦盐场设置依明旧制，共 20 个，后从康熙至道光年间逐步裁至 8 场（图1-9、图 1-10）。发展至清末，北场产盐以绝对优势领先于南场，其中以丰财场和芦台场产销量最高，80% 以上的长芦盐均由该两场产销。随着盐场的裁撤与合并，为方便盐业管理，清廷还对盐政管理体系做了一系列的调整。如乾隆四十二年（1777 年）在滦州增设蓟永分司，乾隆五十六年（1791 年）将青州分司改为天津分司，道光十二年（1832 年）撤销沧州分司等。

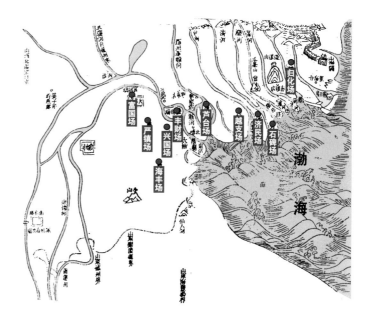

注：底图来自嘉庆《长芦盐法志》。

图 1-9　清嘉庆时期长芦盐十场总图

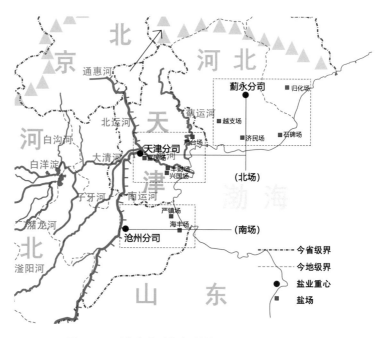

图 1-10　清嘉庆时期长芦盐业重心及盐场分布图

三、长芦盐业的生产技艺

（一）煎盐法

明代以前，长芦盐的生产主要采用"煎盐法"（图1-11）。采用煎盐法首先要提取原料卤，这有两种方法，一种是刮土淋卤，一种是晒灰淋卤。刮土淋卤首先需选好海滩或盐田，也就是"亭地"，制盐的灶户除去选定海滩或盐田上的蒿草并耕犁，使盐田的土质疏松，以充分吸收海潮中的盐分。待被海潮淹没或浸泡过的海滩、盐田结出一层盐霜时，将咸土刮起，聚集成堆，再以海水浇淋，最后将淋滤出的卤水作为原料等待煎制。晒灰淋卤俗称"草木灰淋卤"，是把煎锅下烧过的草木灰挖坑储存起来，而后于农历十一月用海水浸泡，第二年天暖变晴时，

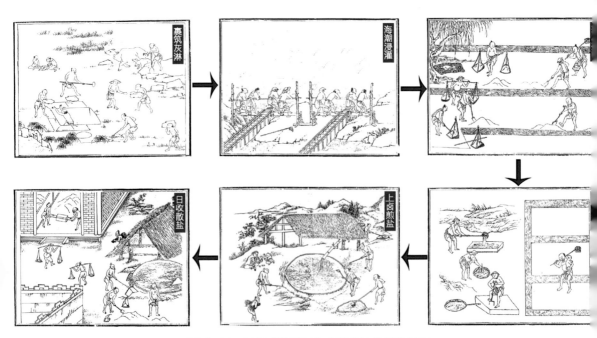

图1-11 元代《熬波图》中煎盐法的制作过程

放置于亭场晾晒，直到晒出白光，再以海水淋滤，得到原料卤。提取原料卤之后便是煎盐。煎盐时每个灶放置3至5面锅，先将卤水放入"温锅"进行预热，而后倒入"煎锅"熬盐。煎锅以芦苇或蓬草为燃料，烧沸卤水，蒸发水分，卤水随干随添，一直煎到食盐结晶满锅。煎盐时每一灶需要10个人，开七八眼或十二三眼灶门，一昼夜可熬盐6锅，每锅熬盐约50千克。

（二）滩晒法

明朝中期，海丰场和海盈场在大口河畔筑池晒盐，已经使用了"滩晒法"，但这一制盐方法并没有得到明王朝的重视，因此没有被推广。清初，长芦盐区开始由南向北推行滩晒法，到了清末，长芦盐场已经全部改用滩晒法制盐（图1-12、图1-13）。海盐滩晒，是根据海水所含各种盐类溶解度不同的原理，在近海处开辟盐田，利用太阳照射和风力，使海水自然蒸发浓缩成盐。滩晒法的生产工艺包括修滩整池、纳潮、制卤、结晶、采收等主要环节。清代的滩晒法比较简易，主要分海滩法、井滩法和淋滩法三种。海滩法是直接引海水制卤晒盐，在临近海的位置挖掘槽沟，连接漕沟建造9层或7层晒池，由高到低次第而下。先引潮入沟，待潮退后，将沟中的咸水放入第一层池中晾晒，而后放入第二池，同时再灌满第一层池，如此逐层灌水、晾晒、下放，最后投入石莲试验卤水浓度，石莲漂起则浓度达标，趁天晴曝晒成盐。井滩法则是挖井取地下卤水，并在井旁修筑晒池，再将井中卤水放入储水池，依次放入白水圈、结晶池，蒸发五到十天便能结晶成盐。淋滩法主要用于黄骅地区，其直接用海水灌注卤池，再分层曝晒取卤，然后引入晒盐池成盐，整个过程完全利用阳光蒸发水分。

注：该图来自天津市博物馆。

图 1-12　天津大沽旧照

注：该图来自天津市博物馆。

图 1-13　清末丰财场提水风车

长芦盐区芦台场所产的盐有"芦台玉砂"之称，是海盐中的佳品，因其色白、粒大、质坚、味纯而得名（图1-14）。明清时期的御用盐砖就是由芦台场承造的。每年夏季由户部确定上贡数量，向盐场发布文书，场官根据文书指令专门从事贡盐制作的锅户按数目制盐，秋季交纳贡品，供皇家食用及坛、庙、陵寝祭祀等使用。一直到现在，长芦盐业仍然以旺盛的生命力蓬勃地发展着。

图1-14 芦台场现状

第二节
长芦盐业管理

一、长芦食盐运销

明清时期，长芦盐业的运销流程可大致分为五步，即支领盐引、入场配盐、称掣盐斤、运载销卖、缴销残引。

（1）"官商运盐，领引为先"，支领盐引是运销流程的第一步，商人只有获得朝廷颁发的盐引才具有运盐资格。食盐运销的全过程都需要用到盐引，同时盐引也是商人行盐、纳课的依据。盐引上标注着行盐禁令、引额、行盐地方等信息，方便朝廷对盐商进行督查，核对该商人所行引、盐数目是否相符，同时也可提醒商人行盐过程中遵循规制，勿犯法规。

（2）明代，商人须凭借盐引和盐运司所开的单据，去该盐引所属的盐运分司进行检验，经分司验实印封，将信息发往盐场后，方可前往规定的盐场与灶户进行交易。支盐后，由盐场场官检验无误方可出场。清代，盐商领引后需先至批验所再至运司，经多重查验后，分司的盐官将巡盐御史印发的支单交给商人入场支盐。盐商凭盐引、支单到达规定盐场支盐，由场官检验后运赴盐坨①。清初，盐商与生产食盐的灶户直接交易，自由买卖。嘉庆后，部分盐场出现了作为中间人的"发盐人"，即专门联络盐商与灶户，推销灶户并替盐商买盐的人，也称

---

① 盐坨，即盐场存盐之地。盐坨中的盐露天堆集，四周筑土垣或设木栅栏，上方用席棚遮蔽风雨。

"发海人"。

（3）盐商将盐堆储在盐坨后，至分司盐官报告开支单，并将支单上缴批验所，接受查验后在掣盐厅进行称掣。为防止夹带私盐，长芦盐的存储之地即盐坨划有分区，其中天津盐坨分新旧，盐商需先将盐包存放在旧坨，称掣之后方可存放在新坨。沧州盐坨的内外坨也是如此。由于天津批验所在食盐称掣、转贮时均需借助舟船，所以也称为"水掣"，而沧州批验所的称掣则称为"旱掣"。清代天津的河东盐坨地位于天津城东门外海河东岸，《商盐坨图》明确标注出了盐坨位置。盐坨九引为一堆，每堆谓之一码，数十码为一垛，排列成行。盐包累叠成山，占地数里，一望无际，颇为壮观（图1-15、图1-16）。

（4）《商盐坨图》细致描绘了称掣过程中，折盐篓、装盐、称盐、捆绑压实、累叠盐包，以及后续装船的繁忙景象。称掣完毕后，盐商先到盐政衙门挂号，领取水程、验单，再到分司，由负责官员填写引数、商名，并加盖印章，随后依次到道厅、衙门、分司及批验所挂号。最后由批验所将单据整理成册，呈送至巡盐御史衙门。商人在挂号后，将盐船泊于盐关，等待随机抽查，看有无私弊，再等巡盐御史亲至盐关，开放船只。出

注：底图来自《商盐坨图》（左）、《潞河督运图》（中）与嘉庆《长芦盐法志》（右）。

图 1-15　天津长芦盐坨

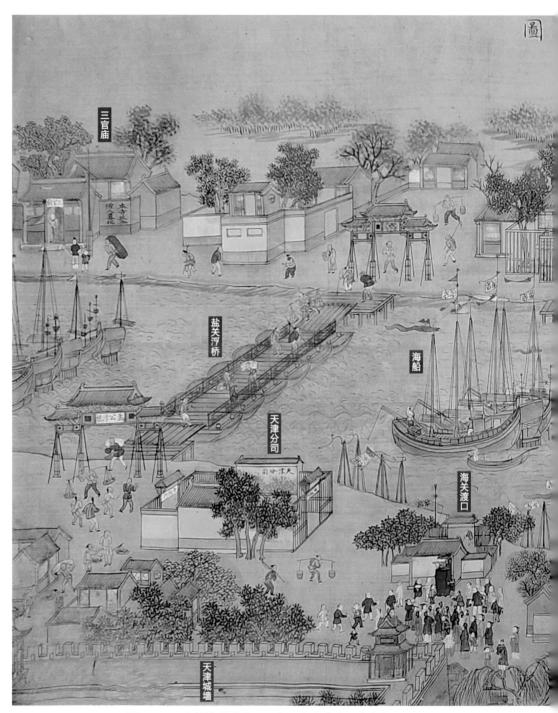

图 1-16　商盐坨图（该图现藏于哈佛燕京图书馆）

关后，盐商按规定路程，分赴各规定引地。到达引地后，由该州、县官逐一核查，经查实数目、号名无误后，方可自行销售，或分派至铺行发卖。

由于长芦盐运必经海河，故盐关浮桥设立于海河上（图1-17）。"盐关浮桥在东门外盐关口……盐之由坨称掣配运者，即以此为关键，司启闭焉。"[1] 过桥或通关时，盐船须靠岸接受稽查，再由桥夫开桥通航，同时以巨舰渡人。《潞河督运图》生动地描绘了盐关浮桥开桥状态下，长芦盐自盐坨运出前往引

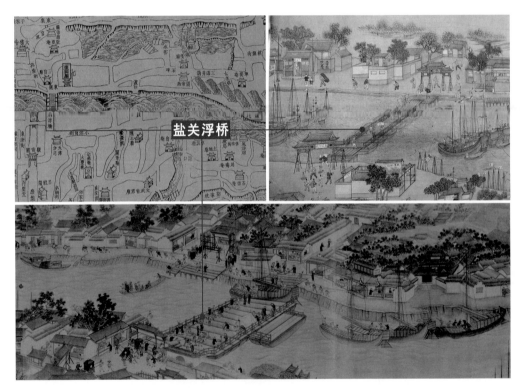

注：底图来自《津门保甲图说》（左上）、《商盐坨图》（右上）、《潞河督运图》（下）。

图1-17 天津盐关浮桥位置

---

[1] （清）黄掌纶等：《长芦盐法志》卷二十，清嘉庆十年刻本。

地的景象，展现了盐关与浮桥的联动关系以及桥上桥下盐运的繁忙景象。此盛况在《商盐坨图》中亦有描绘记载。

（5）商人销售引盐后，由督销官员将引目拆封，截去左边第二角，与水程一起申缴运司。运司将残引核对查明后，留存作为档案。各处残引收齐后送缴户部，与掣批附卷一同存案（图1-18）。

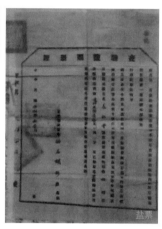

盐运执照　　　　　　　　　　　盐　票

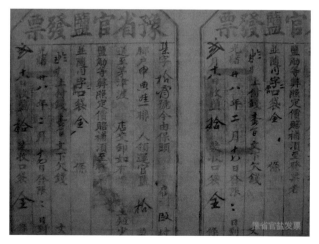

豫省官盐发票

图1-18　沧州市博物馆藏部分盐务票据

二、长芦盐法制度

汉代以后盐税收入在历代朝廷财政收入中都占据相当大的比例，历代王朝的赋税体系中都把盐税单列，并专门设有衙门管理盐政，还采取垄断性质的官营或特许专卖制，为食盐制定单独的销售政策。

明代，我国食盐的销售采用"开中制"，也称"开中法"，又称"中盐"。明代初期，为了防范北元南犯，从辽东至嘉峪关一线，沿着长城设有九大军事重镇，即"九边重镇"。边防军团数量庞大，需要大量的军需粮饷供应。但北方边地不适宜开垦屯田，且水路不通，运输困难。为保障后勤供应，朝廷鼓励商人代为运输，而政府给予其销售食盐的特权凭证——"盐引"作为回报。商人可凭盐引到指定的盐区支盐，并在规定的地区即"引岸"进行销售。

明中期以后，国内经济逐渐发达，开中制改为折色制，即准许盐商在内地到盐运司用银两换取盐引，而边镇的饷银则由朝廷直接拨付。明中叶还推行了纲盐法，以疏销积引：朝廷将之前分散的盐商编入纲册，仅入册的盐商可赴指定盐场领盐，这些商人即为纲商。盐的生产和销售被朝廷控制垄断，政府招商办课，由专商垄断盐引和引岸，包揽所认官盐引之税银，在向政府缴纳引课后领取盐引，直接向灶户收购食盐，再贩运至所认引岸进行销售，也即"官督商销"。

清朝继承明朝的盐政制度，在其基础上进行改革与变通。清定都北京，面临财政困难，需要筹饷以备军需，而长芦盐区地处京畿重地，于财政收入大有裨益，因此清廷十分重视长芦盐政的恢复。清朝继承晚明的纲法，沿用明朝招商认课的办法，采用专商引岸的政策管理盐政。朝廷将盐的运销权授予专商，并允其世袭，使运盐销盐成为盐商家族的权利和义务，并根据税收需求和市场行情等因素调适引岸经营。清前期，由于经营不善或欠课而被参革的盐商很多，因此盐商引岸的世袭制其实只停留在制度规定的层面。被参革盐商的引岸由朝廷重新选择其他家境殷实的商人接办，接办商人需认缴引岸窝价和被参革商人的欠课、帑银等款项，因此认办引岸所需的资本越来越高。清前期，内务府掌管着长芦盐区最重要的 21 个州县的引岸，引名为"永庆号"。内务府将其交由商人承办且无需商人支付窝价，除此之外还将大量资金作为经营盐业的资本借贷给盐商。

及至晚清，长芦盐业衰落，商力疲乏，盐商独立认办引岸已经十分困难，朝廷也面临着引岸盐商被参革后没有新的盐商接办的困境，因此，参考内务府永庆号的做法，"租办"逐渐代替"认办"成为引岸经营的主要方式，"租商"从持有盐引的"业商"手中承租引岸专卖权，保证完成盐运司每年规定的报运定额并交纳税金。如此一来，业商可以通过更换租商来避免因经营不善而被朝廷参退，租商也无须耗费巨资承接引岸权。

长芦盐商及其活动

一、长芦盐商

在我国古代社会，盐商是商人中最富有的群体之一。随着盐业的兴旺发展，各地盐商家族积累了巨大的财富，建造了一系列的盐业建筑以及奢华的住宅与园林，对建筑、聚落与城市产生了深远的影响。明清时期的长芦盐商来自全国各地，其中晋商与津商占大多数。

1. 长芦盐商中的晋商

长芦盐商中的晋商多发迹于明代的开中法时期。明初，由于国家政治、军事方面的需求，开中法被用于筹措边境军需，长芦盐区是明代重要的产盐区，且距北边较近，山西商人随着开中法的推行始入长芦，到了明代中后期，在长芦盐区经营的晋商已经发展到相当规模。

明初，元人北归，屡谋南下，为防御北元南侵，明朝廷沿长城相继设立了九大边防重镇。这些边防重镇东起鸭绿江，西抵嘉峪关，在绵亘万里的北部边疆上串联成线。《明史》有载："初设辽东、宣府、大同、延绥四镇，继设宁夏、甘肃、蓟州三镇，而太原总兵治偏头，三边制府驻固原，亦称二镇，是为九边。"①

---

① （清）张廷玉等：《明史卷》九十一，中华书局，1974年，第2235页。

由于地近九边重镇，晋商便借助明代"中盐"这一契机，在长芦盐区逐渐兴起，并发展成为长芦盐商的主力。山西北境地处边关，大同和太原均为九边重镇；山西之南是农耕文化发达的中原腹地，盛产粮食；太行山与黄河并行，中间形成一个南北走向的通道。山西商人凭借地理、物产、交通优势，捷足先登，逐步取得了在长芦盐区贩运食盐的特权，晋商这一群体渐渐繁荣壮大。到了明代中后期，长芦盐区内的晋商更是发展到相当规模。如晋商王海峰便率先选择持领青沧地区的长芦盐引，至明末清初成为长芦盐区的盐业巨商。《新修长芦盐法志》有记载，明代的长芦分商之纲领者五，"曰浙直之纲，曰宣大之纲，曰泽潞之纲，曰平阳之纲，曰蒲州之纲"①。五纲之中山西的盐商约占四纲，足可见明朝时期晋商在长芦盐商中的重要地位。

2. 长芦盐商中的津商

清代康熙时期，长芦巡盐御史衙门从北京迁移至天津，长芦盐运使司衙门也从沧州移驻天津，从此天津成为长芦盐务中心，也成为长芦盐商的大本营，长芦盐商多将其总店设在天津。全国各地的长芦盐商以及其他行业商人会集天津，建造了众多会馆类建筑。天津本地的商人也因天津的便利环境，大力发展经营长芦盐业。及至清末，天津的"八大家"中主要依赖盐务者有四家，为振德黄家、益德裕高家、长源杨家、益照临张家。巨富的长芦盐商也成为天津社会中的一股重要力量，这些津商对天津城市的发展以及各类建筑的建设起到了积极作用。

---

① 中国第一历史档案馆、天津市档案馆、天津市长芦盐业总公司：《清代长芦盐务档案史料选编》，天津人民出版社，2014年，第198页。

二、长芦盐商的行盐地界及活动范围

长芦盐的产、运、销三个环节中，销售最为重要。因为它不仅直接关系到长芦盐的生产、运输以及整个长芦盐业产业链的正常运转，还关系到长芦盐商资本的周转和长芦盐税收入的持续、稳定。清代长芦盐的运输主要依靠海河水系。商人在分司及批验所经过一系列手续后，将食盐从盐坨运出，分别经由北河运道（北运河、蓟运河等）、淀河运道（大清河等）、西河运道（子牙河、滏阳河等）、御河运道（南运河及卫河等）四条水运骨干通道，运至各个水运转运点，然后换小船或车，再运至各个引地。清代长芦盐的销售区域即可根据运输线路分为五个次级区域，即由场坨直接车运至引地的区域、经北河运道运至引地的区域、经淀河运道运至引地的区域、经西河运道运至引地的区域、经御河运道运至引地的区域。

由场坨直接车运至引地的区域分布在冀东地区，即渤海湾产盐区附近。据嘉庆《长芦盐法志》，其包括丰润县、卢龙县、抚宁县、昌黎县、临榆县、滦州、迁安县、乐亭县、天津县、沧州、南皮县、盐山县、庆云县。

经北河运道运至引地的区域分布在今北京、天津北部及其周边地区，主要沿北运河、蓟运河流域展开。据嘉庆《长芦盐法志》，其包括大兴县、宛平县、顺义县、密云县、怀柔县、通州、昌平州、延庆州、香河县、东安县、旧州营、采育营、武清县、三河县、蓟州、平谷县、遵化州、玉田县、宁河县、宝坻县。

经淀河运道运至引地的区域分布在今保定市及其周边地区，主要沿大清河、沙河、唐河、潴龙河流域展开。据嘉庆《长芦盐法志》，其包括房山县、良乡县、固安县、涿州、保定县、新城县、涞水县、博野县、蠡县、永清县、霸州、安肃县、定兴县、容城县、安州、文安县、清苑县、雄县、新安县、高阳县、易州、献县、任丘县、祁州、满城县、唐县、望都县、完县、阜平县、行唐县、新乐县、定州、曲阳县。

经西河运道运至引地的区域分布在今石家庄市、邢台市、邯郸市以及衡水市西部部分地区，主要沿子牙河、滏阳河流域展开。据嘉庆《长芦盐法志》，其包括河间县、大城县、肃宁县、正定县、宁晋县、井陉县、获鹿县、栾城县、灵寿县、元氏县、赞皇县、平山县、高邑县、赵州、衡水县、晋州、平乡县、邯郸县、成安县、磁州、无极县、枣强县、藁城县、武安县、涉县、冀州、新河县、武邑县、深州、束鹿县、武强县、饶阳县、安平县、深泽县、隆平县、柏乡县、临城县、任县、邢台县、内丘县、沙河县、南和县、唐山县、巨鹿县、永年县、曲周县、肥乡县、鸡泽县。

经御河运道运至引地的区域分布在今沧州市南部、衡水市与邯郸市东部以及河南省中北部地区，主要沿南运河、卫河流域展开。据嘉庆《长芦盐法志》，其包括交河县、阜城县、宁津县、景州、吴桥县、青县、东光县、静海县、故城县、南宫县、广宗县、威县、清河县、广平县、元城县、大名县、南乐县、清丰县、东明县、长垣县、开州、祥符县、陈留县、中牟县、杞县、仪封厅、兰阳县、通许县、太康县、尉氏县、洧川县、鄢陵县、长葛县、郑州、荥阳县、荥泽县、汜水县、密县、新郑县、内黄县、河内县、济源县、修武县、孟县、武涉县、温县、原武县、阳武县、汲县、新乡县、获嘉县、辉县、淇县、延津县、浚县、滑县、封丘县、舞阳县、淮宁县、项城县、沈丘县、扶沟县、郾城县、商水县、西华县、禹州、许州、临颍县、汤阴县、临漳县、安阳县、林县。

清代，为确保盐税牢牢掌握在朝廷手中，除了固定引岸外，还对各个引岸中每个地区所售长芦盐的引数作出明确规定并加以记载，如嘉庆《长芦盐法志》记载，保定县共一百七十八引，天津县共七百引，河间县共五千六百九十五引，井陉县共七千三百二十二引等。商人必须按规定盐引数量行盐，一旦发现夹带私盐，将被严惩。

三、长芦盐商活动对盐运古道沿线地区的影响

古代盐商享有盐的专卖特权，盐商随之积累起巨额的商业资本。长芦盐商中的晋商获利之后，或为回报亲族，或为沽名钓誉，或为讨好朝廷，首先将部分资产用于回馈亲族、资助公益事业。这些举动对长芦盐区以及山西的聚落及建筑产生了广泛的影响。如历经明清两朝的晋商王重新，其对家乡的资助与建设包括："时宝泉寺复坏，重修之，费银二千一百两……修后沟三教堂，费银一百一十七两五钱七分五厘……又修清化路……其他死不能棺者、病不能医者、婚嫁不能具礼、赋税不能如期者，苟有告，未尝敢不应也。"[1] 其次是捐资寄居之地。出于经商便利之需求，一部分晋商寄居在天津、沧州这些长芦盐业的中心城市，融入当地社会，所以他们也会捐资自己寄居之地，扶持当地的公益事业。如籍贯为大同的晋商张文元，"顺治十年沧城大水，民遭垫溺，元捐资救荒，全活亿万人，抚臣特疏奏闻，钦赐八品顶带"[2]。此外，盐商为巩固和维持与朝廷的互利合作关系以及自己的经济利益，还

---

[1] 张正明、[英]科大卫、王勇红：《明清山西碑刻资料选（续二）》，山西经济出版社，2009 年，第 119—120 页。

[2] （清）徐时作修，（清）胡淯等纂：《沧州志》，清乾隆八年刊本。

通过捐输报效来获取皇权的保护与支持。如雍正三年（1725年）长芦巡盐御史莽鹄立奏："臣看得王廷扬系长芦殷实良商，引名王克大，今闻臣钦奉谕旨修整大沽海神庙……情愿令捐修海庙银一万两……令伊办课商人秦峤备解。"[1]

同时，为经营盐业便利，部分晋商从山西向长芦盐区迁徙时，于山西至长芦盐区的必经之路——"太行八陉"附近建立了众多家族聚居型的聚落，如明代首任长芦巡盐御史于谦之故乡于家石头村、长芦盐商路氏家族的故乡英谈古寨等，这些聚落也为本书的研究提供了样本。

长芦盐商聚集于天津，建立了专为组织长芦盐商的行会"芦纲公所"。或利用官府拨款，或自行捐资，长芦盐商及芦纲公所在天津建设了富丽堂皇的行宫、形制规整的署衙。除此之外，盐官亦奏请或倡导盐商捐修学校、捐施民众，推动建造了众多文庙、书院、义学以及慈善建筑。为祈求盐业发展繁盛，盐商还捐资修建了各种盐业相关庙宇。这些工程建设于国家、民众均有裨益，为天津城市的发展做出了重要贡献。

[1] 中国第一历史档案馆编：《雍正朝汉文朱批奏折汇编》第5册，江苏古籍出版社，1991年，第911页。

第二章

长芦盐运分区与盐运古道线路

长芦盐运分区

如前所述，长芦盐的运销路线，以北河运道、淀河运道、西河运道、御河运道（即南河运道）为四条水运骨干，辅以陆路车运到达各引地。"北河运道沿河州县就近落厂，余皆至张湾落厂车运。淀河运道沿河州县就近落厂，余至保定县张青口及清苑县落厂车运。西河运道沿河州县就近落厂，余至衡水县之小范、任县之邢家湾、宁晋县之白沐、丁曹及邯郸等处落厂车运。南河河道（即御河）沿河州县就近落厂，余或至大名之龙王庙、白水潭二处落厂车运。"① 因之，长芦盐区内部也可分成北河区、淀河区、西河区、御河区以及车运的盐场直达区五个次级盐运分区（图 2-1）。水运的长芦盐数量占总量的93%，而陆运的长芦盐数量仅占总量的7%。水运的长芦盐中，通过南运河、北运河运输的占总量的54%，通过滹沱河、淀河和其他河流运输的占总量的46%。

---

① （清）黄掌纶等：嘉庆《长芦盐法志》卷九，清嘉庆十年刻本。

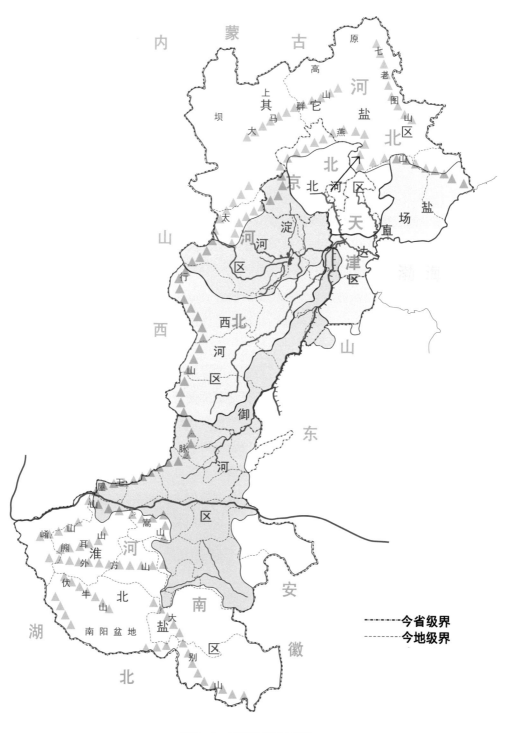

图2-1 长芦盐运分区图

长芦盐运古道线路

　　长芦盐的运输主要依靠水运，起初偏重南部河流，后来偏重北部河流。唐朝时期长芦盐的盐运河道主要为柳河、无棣沟。唐高宗年间，沧州刺史薛大鼎为通盐运而开浚无棣沟，当时百姓赞颂称："新沟通，舟楫利。属沧海，鱼盐至。昔徒行，今骈驷，美载薛公德滂被。"[①] 宋代长芦盐的盐运河道主要为柳河、漳河等。元、明时期长芦盐的盐运河道为南河、淀河、白河、潮河、海河。

　　由于原盐运河道柳河、无棣沟、马颊河的淤塞断流，淀河等转而成为长芦盐运河道，这使得北场交通更加便捷，运费更加便宜，而南场只能依靠陆路车运，运输不便且运费高昂。加之盐场制盐由煎盐法变为滩晒法，北场"日晒产肥"，而南场"锅煎产瘠"，故天津逐渐取代沧州成为清代长芦盐业的生产及管理中心以及盐运总汇之地。清代长芦盐的运输主要依靠海河水系的一系列支流，即蓟运河、北运河、大清河及其众多支流、子牙河、滏阳河、南运河和卫河（图2-2）。

---

① （北宋）欧阳修、（北宋）宋祁：《新唐书》卷一百九十七，中华书局，1975年，第5621页。

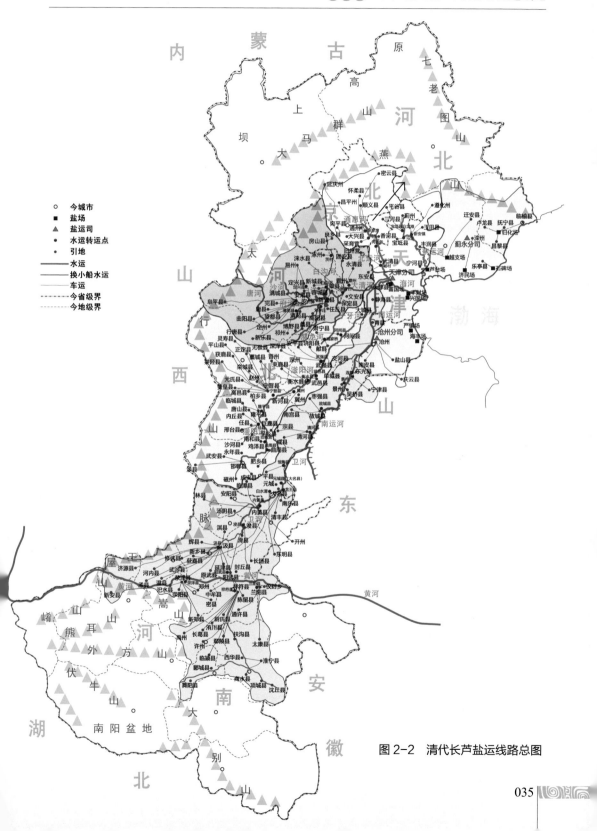

图 2-2 清代长芦盐运线路总图

一、由盐场直接运至引地运输线路

    天津、冀东地区由于盐引地距离盐产地较近，因此有些食盐可直接由盐场车运至盐引地。由蓟永各盐场掣配之盐，经陆路车运直接运达的县有丰润县、卢龙县、抚宁县、昌黎县、临榆县、滦州、迁安县、乐亭县；由天津盐坨掣配之盐，经陆路车运直达的有天津县；南路由沧州盐坨掣配，经陆路车运直达的县有沧州、南皮县、盐山县、庆云县（图2-3、表2-1）。

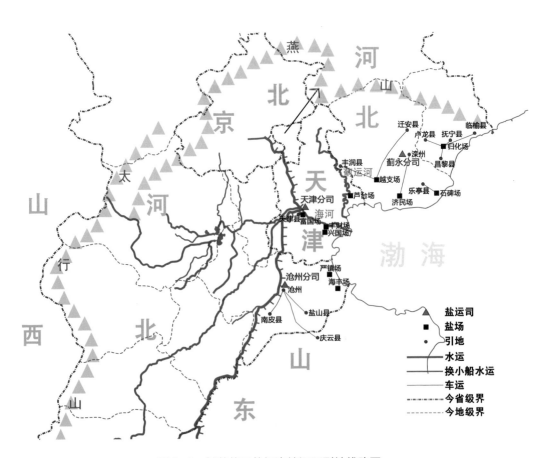

图2-3　长芦盐区盐场直接运至引地线路图

表 2-1　清嘉庆时期长芦盐由盐场（盐坨）直接运至引地运销表

引　地	引盐来源	运　道
丰润县	蓟永张庄坨盐	由坨车运至本县总店分销
卢龙县	蓟永归化场引盐	由场车运至本县分销
抚宁县		
昌黎县		
临榆县		
滦州	蓟永济民场引盐	由场车运至本县分销
迁安县	蓟永越支场盐	
乐亭县	蓟永石碑场盐	由盐店车运分销
天津县	天津坨盐	由坨过关车运各店分销
沧州	沧州坨盐	由坨车运至本州总店分销
南皮县		由坨车运至本县总店分销
盐山县		
庆云县		

注：根据嘉庆《长芦盐法志》整理。

　　以上引地主要在长芦盐产区及其周边地区，以及清代长芦盐业的中心——天津。目前天津的汉沽地区以及沧州黄骅地区仍是长芦盐的产区，在这些地区产盐聚落仍有遗存，如辛立灶村，但其聚落形制已十分现代化。天津葛沽地区留有盐商曾用来祈求保佑盐业运输平安的天后宫。天津博物馆有大量长芦盐业的历史资料，五大道建筑群中也还有众多近代长芦盐商的宅居。

二、北河运道区运输线路

嘉庆《长芦盐法志》记载的北河运道包括北运河和蓟运河两条线路。盐船由天津掣配坨盐，经北运河河道运至转运点杨村、河西务、马头、张家湾。盐船由蓟永汉沽掣配引盐，经蓟运河河道运至转运点宁河县、新安镇、马营、宝坻县白龙港。食盐运至以上转运点后，落厂换车运，再按引额分运至各引地（图2-4、表2-2）。

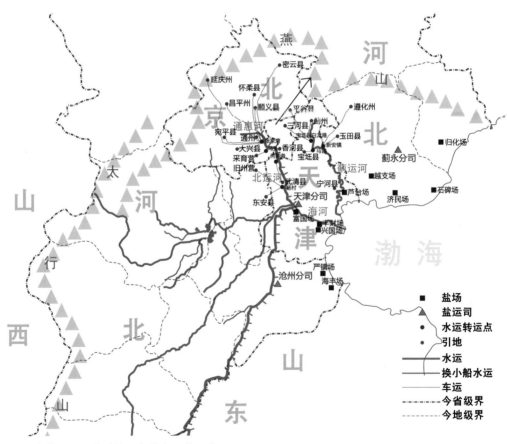

注：图中宁河县既是引地，亦是水运转运点。

图2-4 长芦盐区北河运道线路图

表 2-2　清嘉庆时期长芦盐区北河运道运销表

引　地	引盐来源	运　道
大兴县		由北河至张家湾落厂，车运入广渠门各铺分销
宛平县		
顺义县		由北河至张家湾落厂，车运至总店分销
密云县		
怀柔县		
通州	天津坨盐	
昌平州		
延庆州		
香河县		由北河至石灰厂落厂，车运至本县总店分销
东安县		由北河至杨村落厂，车运至总店分销
旧州营		
采育营		由北河运至马头落厂，车运本营总店分销
武清县		由北河至河西务，凡有临河各镇即就近卸岸，车运各店，余至杨村落厂，由厂车运分销
三河县		由北河至宝坻县白龙港落厂，车运至总店分销
蓟州		
平谷县		
遵化州	蓟永汉沽引盐	由北河至新安镇落场，车运至总店分销
玉田县		
宁河县		由北河至本县总店分销
宝坻县		由北河至马营落厂，车运本县总店分销

注：根据嘉庆《长芦盐法志》整理。

长芦盐北河运道的北运河及蓟运河流域基本覆盖了天津北部以及北京全部的引地。北运河源于北京市昌平区北部山区，其上源名为温榆河，至通州区后称北运河，下游至天津三岔河口处汇入海河，注入渤海。北运河属于我国南北物资运输通道——京杭大运河的天津至北京段，长芦盐场之贡盐便是通过北运河运往京城。蓟运河的干流源于天津市蓟州区九王庄，流经蓟州区、宝坻区、宁河区、滨海新区后，经北塘口入渤海。

由于现代京津地区经济、社会高速发展，北河运道区域盐业聚落与建筑的保存状况不佳。笔者在调研过程中发现北运河上的重要盐运码头西沽已经开始拆建（图2-5），而蓟州区仅存独乐寺、文庙等遗留建筑，可使我们一窥往日风采（图2-6）。

图2-5 天津西沽

图2-6 蓟州区独乐寺观音阁

三、淀河运道区运输线路

淀河运道包括大清河及白沟河、潴龙河、唐河等支线。经淀河运道运输的引盐除献县的为天津、沧州两处的坨盐外，其余全部为天津坨盐。盐船由天津进入大清河，依次经霸州、文安县、保定县张青口、雄县进入白洋淀，而后分为几条支路：经白沟河落厂，车运至容城县；经府河运至保定府，转陆路运至满城、完县、唐县等各引地；经唐河运至清苑县。淀河运道较为重要的转运中心是保定县张青口以及保定府（图2-7、表2-3）。

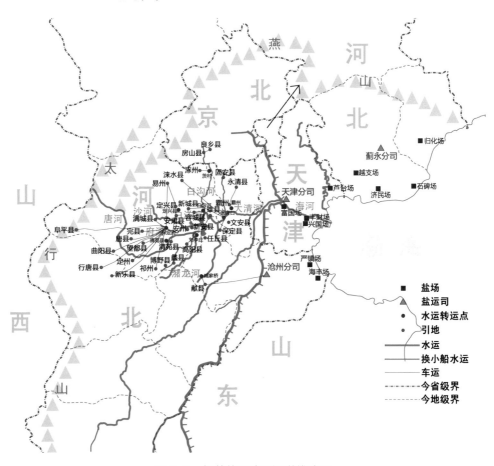

图 2-7 长芦盐区淀河运道线路图

表2-3 清嘉庆时期长芦盐区淀河运道运销表

引 地	引盐来源	运 道
房山县		由淀河至保定县张青口换小船至房山县琉璃河落厂，车运至总店分销
良乡县		
固安县		由淀河至保定县张青口换小船运至本县总店分销
涿州		由淀河至保定县张青口换小船至茨村落厂，车运至本州总店分销
保定县		由淀河至保定县张青口落厂，车运至本县总店分销
新城县		
涞水县		
博野县		由淀河至保定县张青口落厂，水运至总店分销
蠡县		
永清县	天津坨盐	由淀河至霸州换小船，又车运至信安镇落厂，车运至总店分销
霸州		由淀河至苏家桥落厂，车运至总店分销
安肃县		由淀河至清苑县南关、东安两处落厂，车运至本县总店分销
定兴县		由淀河至本县北河落厂，车运总店分销
容城县		由淀河至白沟河落厂，车运至本县总店分销
安州		由淀河至本县（州）总店分销
文安县		
清苑县		
雄县		
新安县		
高阳县		由淀河至刘李庄落厂，车运至本县总店分销
易州		由淀河至保定府及定兴县北河两处落厂，车运至本州总店分销
献县	天津、沧州两处坨盐	由淀河至臧家桥落厂，车运至总店分销。又由沧坨配引车运分销

（续表）

引　地	引盐来源	运　道
任丘县		由淀河至本县赵北口落厂，车运至总店分销
祁州	天津坨盐	由淀河至保定府落厂，车运至本州总店分销
满城县		由淀河至保定府落厂，车运至本县（州）总店分销
唐县		
望都县	天津坨盐	由淀河至保定府落厂，车运至本县（州）总店分销
完县		
阜平县		
行唐县		
新乐县		
定州		
曲阳县		

注：根据嘉庆《长芦盐法志》整理。

　　淀河运道上的水运活动主要依靠大清河以及流经白洋淀的各支流来完成。大清河为海河的西部支流，是海河五大支流中最短的一条，但其支流众多，于白洋淀附近汇集，相互交织成密集的水网。大清河的北支白沟河和南支府河、唐河、潴龙河等是淀河运道的主要河道。这些支流均源于太行山东部，于白洋淀汇聚后称大清河，而后汇入子牙河，又于天津附近汇入海河。白洋淀是长芦盐由产区运至淀河区各引地过程中所依托的重要湖泊，它将大清河与盐运所需的白沟河、府河、唐河、潴龙河全部连通，从而形成了淀河区的水运网络，便于盐船在各支线上交替活动。

　　淀河运道基本覆盖了冀西地区，区域内有大量长芦盐业聚落与建筑遗存。如霸州胜芳古镇是淀河运道上的重要转运节点，其聚落风貌保存状况良好，是研究长芦盐运聚落的绝好样本。再如保定市的直隶总督署与清河道署是管理长芦盐业的署衙建筑，清末时直隶总督管理长芦盐运，而清河道台则负责治理淀河运道上的各条盐运河流。

四、西河运道区运输线路

西河运道包括子牙河及滏阳河等河流。经西河运道运输引盐的引地，除河间县同时掣配天津、沧州两处坨盐，其余均掣配天津坨盐。盐船经子牙河转入滏阳河，依次经过河间县、武强县、武邑县、衡水县、宁晋县、隆平县、任县、旧城营、曲周县、邯郸县各转运点，而后换车运按引额运至各地。西河运道上较为重要的转运中心是宁晋县和任县（图2-8、表2-4）。

图2-8 长芦盐区西河运道线路图

引　地	引盐来源	运　　道
表2-4　清嘉庆时期长芦盐区西河运道运销表		
河间县	天津、沧州两处坨盐	由西河至本县沙河桥落厂，车运至总店分销
大城县		由西河至本县南赵落厂，车运各镇分销
肃宁县		由西河至河间县落厂，车运至本县总店分销
正定县		由西河至宁晋县白木、衡水县两处落厂，车运至本县总店分销
井陉县		由西河至宁晋县白木落厂，车运至获鹿县落厂，以驴驮至本县总店分销
宁晋县	天津坨盐	由西河至宁晋县白木落厂，车运至本县（州）总店分销
获鹿县		
栾城县		
灵寿县		
元氏县		
赞皇县		
平山县		
高邑县		
赵州		
晋州		
衡水县		由西河至本县总店分销
平乡县		由西河至衡水县落厂，换小船至本县下庄桥落厂，车运至总店分销
邯郸县		由西河至衡水县换小船至邯郸县苏漕落厂，运至总店分销
成安县		
磁州		由西河至衡水县换小船至本州琉璃镇落厂，车运至总店分销
无极县		由西河至衡水县落厂，车运至本县总店分销
枣强县		
藁城县		由西河至衡水县、宁晋县白木两处落厂，车运至本县总店分销

（续表）

引　地	引盐来源	运　道
武安县		由西河至衡水县，换小船至邯郸县苏漕落厂，车运至本县总店分销
涉县		
冀州		由西河至本州总店分销
新河县		由西河至冀州捻口落厂，车运至本县总店分销
武邑县		由西河至武邑县圈头落厂，车运至总店分销
深州		
束鹿县		
武强县	天津坨盐	由西河至武强县小范落厂，车运至总店分销
饶阳县		
安平县		
深泽县		
隆平县		由西河至隆平县牛家桥落厂，车运至总店分销
柏乡县		
临城县		由西河至隆平县牛家桥落厂，车运至本县总店分销。如遇水浅，即于隆平之辛庄、霸王营落厂，车运至本县总店分销
任县		由西河至任县邢家湾落厂，车运至总店分销
沙河县		
南和县		
唐山县		
邢台县		由西河至任县邢家湾落厂，车运至本县总店分销。如遇水浅，即于隆平县之贵王庄落厂，车运至本县
内丘县		
巨鹿县		由西河至本县张家庄落厂，车运至总店分销
永年县		由西河至本县城东落厂，车运至总店分销
曲周县		由西河至曲周县落厂，车运至本县总店分销
肥乡县		
鸡泽县		由西河至旧城营落厂，车运至本县总店分销

注：根据嘉庆《长芦盐法志》整理。

西河运道上的水运活动主要依靠子牙河及滏阳河来完成，运输线路较为简洁，且较之北河运道与淀河运道来说，运输距离更长。滏阳河古名滏水，发源于彰德府磁县的滏山（今邯郸峰峰矿区），滏阳河流经邯郸、邢台、衡水，在沧州附近与源于五台山北坡的滹沱河汇流后称子牙河。子牙河又经海河汇入渤海。

西河运道上的广府古城是长芦盐的转运节点之一，其位于滏阳河西岸。广府古城的格局与城内建筑风貌均保存完好，是研究长芦盐运聚落的重要样本。此外，西河运道上的车运末端还有众多古村落遗存，这些古村落大多都为明代开中制背景下，向长芦盐区迁徙的盐官或盐商所建，如于家石头村、大梁江村、英谈古寨、寨卜昌村等。它们依山就势而建，居民以家族血缘为纽带聚族而居，村落整体布局及民居的选材皆各有特色。

五、御河运道区运输线路

御河运道包括南运河、卫河及其他河流。经御河运道运输引盐的引地中，交河县、阜城县、吴桥县、景州、东光县、青县、静海县同时掣配天津、沧州两处坨盐，宁津县掣配沧州坨盐，其余均掣配天津坨盐。盐船经南运河转入卫河，依次经过连镇、景州、故城县、清河县、馆陶县、大名县各水运转运点，落厂后按引额分运至各引地（图2-9、表2-5、表2-6）。

御河运道上的大部分引地位于河南，其直隶境内的运销量很少。御河区最重要的转运码头是大名府龙王庙和白水潭。河南的长芦盐基本都是从大名龙王庙和白水潭转运过去的。长芦盐区位于河南境内的引地多需车运，较为重要的转运点是汲县与祥符县。部分长芦盐在大名白水潭或龙王庙落厂后，还要车运一段才能渡过黄河，而后继续车运或换小船水运至河南各引地。

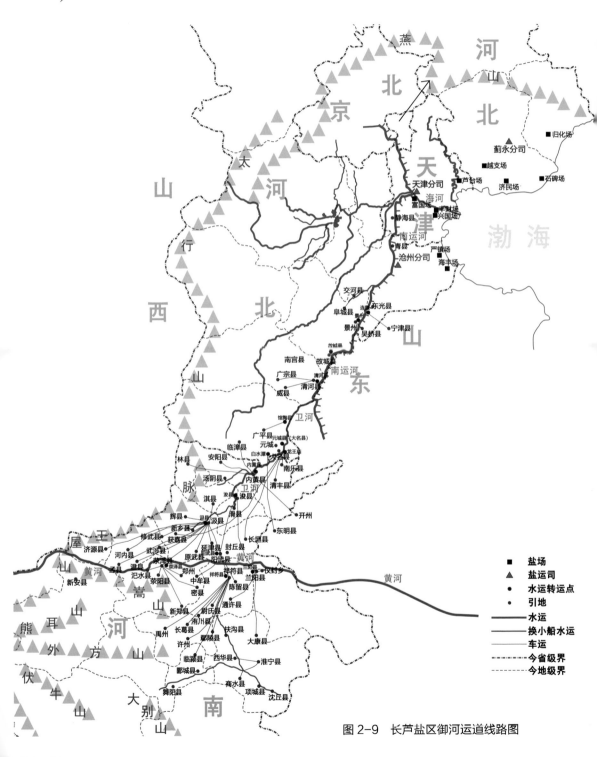

图 2-9 长芦盐区御河运道线路图

表 2-5 清嘉庆时期长芦盐御河运道直隶地区运销表

引 地	引盐来源	运 道
交河县 阜城县	天津、沧州 两处坨盐	由御河至交河泊头镇落厂，车运至总店分销，亦有由沧场车运者
宁津县	沧州坨盐	由御河至连镇落厂，车运至本县总店分销
景州 吴桥县	天津、沧州 两处坨盐	由御河至景州安陵落厂，车运至总店分销
青县 东光县 静海县 故城县		由御河至本县总店分销
南宫县		由御河至故城县郑家口落厂，车运至本县总店分销
广宗县 威县 清河县	天津坨盐	由御河至清河县油坊落厂，车运至本县总店分销
广平县		由御河之山东馆陶县之馆陶镇落厂，车运至本县总店分销
元城县		由御河至本县小滩镇落厂，车运至总店分销
大名县 南乐县 清丰县		由御河至大名县龙王庙落厂，车运至本县总店分销
东明县 长垣县		由御河至大名县白水潭换小船至浚县道口落厂，车运至本县总店分销
开州		由御河至内黄县楚旺落厂，车运至本州总店分销

注：根据嘉庆《长芦盐法志》整理。

表 2-6 清嘉庆时期长芦盐区御河运道河南地区运销表

引 地	引盐来源	运 道
祥符县		由御河至大名县白水潭换小船至浚县新镇落厂，车运至阳武县渡黄，车运本县总店分销
陈留县		
中牟县		
杞县		由御河至大名县龙王庙换小船至浚县道口落厂，车运至兰阳县李六口渡黄，至七村落厂，车运至本县（厅）总店分销
仪封厅		
兰阳县		
通许县		
太康县		
尉氏县		由御河至大名县白水潭换小船至汲县落厂，车运至阳武县渡黄，至祥符县曹桥永顺厂换车运至本县总店分销
洧川县		
鄢陵县		
长葛县		
郑州	天津坨盐	由御河至大名县白水潭换小船至汲县落厂，车运至荥泽县渡黄，车运本县（州）总店分销
荥阳县		
荥泽县		
汜水县		
密县		
新郑县		
内黄县		由御河至本县楚旺镇落厂，车运至各镇分销
河内县		由御河至大名县龙王庙换小船至汲县落厂，车运至本县总店分销
济源县		
修武县		
孟县		
温县		
汲县		
新乡县		
武涉县		由御河至大名县白水潭换小船至汲县落厂，车运至本县总店
原武县		

（续表）

引　地	引盐来源	运　道
阳武县		由御河至道口落厂，车运至本县总店分销
获嘉县		由御河至大名县龙王庙落厂，车运至本县总店分销
辉县		
淇县		由御河至大名县龙王庙换小船至汲县落厂，车运至本县总店分销
延津县		由御河至大名县龙王庙换小船至汲县落厂，卫厂五百二十三包，开厂八百八十八包，车运至本县总店分销
浚县		由御河至大名县白水潭换小船至道口落厂，车运至本县总店分销
滑县		
封丘县		由御河至大名县白水潭换小船至浚县新镇落厂，车运至阳武县渡黄，至本县总店分销
舞阳县	天津坨盐	由御河至大名县白水潭换小船至浚县新镇落厂，车运至阳武县渡黄，至祥符县曹桥永顺厂，由贾鲁河舟运至本县总店分销
项城县		
扶沟县		
鄢城县		由御河至大名县白水潭换小船至浚县新镇落厂，车运至阳武县渡黄，至祥符县曹桥永顺厂，由贾鲁河舟运至淮宁县周口河东落厂，车运本县总店分销
淮宁县		
商水县		
西华县		
沈丘县		由御河至大名县白水潭换小船至浚县新镇落厂，车运至阳武县渡黄，至祥符县曹桥永顺厂，由贾鲁河舟运至本县槐店落厂，车运总店分销
禹州		由御河至大名县白水潭换小船至浚县新镇落厂，车运至阳武县渡黄，至祥符县曹砦落厂，由曹砦仍用车运至本县（州）分销
许州		
临颍县		
汤阴县		由御河至大名县龙王庙换小船至本县五陵镇落厂，车运至总店分销
临漳县		由御河至内黄县潭头口落厂，车运至本县总店分销
安阳县		
林县		

注：根据嘉庆《长芦盐法志》整理。

御河运道上的水运活动主要依靠南运河以及卫运河来完成，御河运道是长芦盐区内运输距离最长的一条通道。南运河是京杭大运河的天津至临清段，是由天然河道经人工整治而成的。卫运河则属于隋唐大运河的永济渠，隋代时因隋炀帝曾乘龙舟沿此河至涿郡，故得名御河。御河运道也是我国一条重要的南北通道，华北与华中、华东地区之间经济、文化交流的相当一部分靠此运道实现。

御河运道上最重要的食盐转运节点大名古城风貌保存良好，如今仍可看出其原始规划形制，是御河运道上的盐运聚落研究的重点对象。此外，清河县油坊镇还存有盐业码头及盐店遗址。

第三章

长芦盐运古道上的聚落

产盐聚落

一、产盐聚落的形成与变迁

城镇与聚落因人而建，因业而兴，位于渤海岸的城镇与聚落的兴衰，则与长芦盐业的发展状况休戚相关。长芦盐区的灶户在渤海岸开辟滩地制盐为生，逐渐形成居住型的聚落；盐官管理盐务，建造了一座座场署建筑；为祈求长芦盐产富足、盐业运输安全，各盐场还建造了相当多的庙宇类建筑。总之，沿着渤海岸展开的长芦盐生产聚落的方方面面都体现着长芦盐业生产活动的影响。长芦各盐场的生产能力随着各时期的盐法制度、运道情况、产盐技术的变化而变化，产盐聚落也随之兴衰更替。

（一）从早期聚落建置看产盐聚落的发展

盐业生产者和销售者因从事盐业活动而聚集到一起，人口的聚集和商业的兴盛会进一步带动聚落、城市的建立与发展。长芦盐区内，天津这一盐业中心城市周边众多聚落的建立与发展都与长芦盐业息息相关。早在天津城市形成之前，今天津辖区内沿海滩涂的制盐作坊附近就生活着许多以制盐为生的灶户，随着当地制盐规模的扩大及灶户数量的增加，制盐聚落逐渐产生，早期的天津城市也在此基础上逐渐形成。

五代后唐时期的天津地区已有芦台场，朝廷还因芦台场而建置了宁河县。金代，天津附近的盐场数量增加，盐业生产开始扩大，天津北部因"高阜平阔"而设置有专卖盐院，称为"新仓"，是朝廷的贮盐基地，并因之建立了新仓镇与香河县。盐业发展带来了人口的聚集，1171年金世宗巡幸新仓镇，谓其人烟繁庶，次年，析香河县，置宝坻县，"盐乃国之宝，取如坻如京之义"，新仓镇为宝坻县所属。可以说，宁河县和宝坻县的建置与长芦盐业的发展有着直接关系。元代后，天津盐业迅速发展，三叉沽盐场的设立又在一定程度上带动了天津地区的发展。

（二）从城镇规划及地名看产盐聚落的兴衰

历史上，渤海海岸线不断外扩，长芦盐产区也随之向外迁移，原来的盐产区成为生活区和治所，遗留下许多与盐业生产相关的地名，如"坨""灶"等。滩涂上则形成了新的盐产区。到了近代，重新规划盐场分布，许多城区在盐滩荒地上建设起来，如天津的滨海新区便建于荒芜的盐滩之上。又如，海河与蓟运河中间地区原为盐滩或荡地，如今已为城区，而各聚落地名自清代至今变化不大。济民场原产区的盐灶、荡地，如今一部分成为城区，另一部分经过重新规划，继续生产食盐。

长芦盐产区比较有特点的地名可分为两类，即带"沽"字的与带"坨"字的。带"沽"字的地名主要与盐运水系有关，分布在海河水系周边。所谓"沽"，指的是小河流入海之处。盐运交通最离不开的就是水路，天津河多、水多，大大推动了长芦盐业的发展。水系丰富，因湾洼形成的水沽也多。历史上，天津有七十二沽之说，于兴国场古图可见大沽营、邓善沽、葛沽、咸水沽（图 3-1）。葛沽在清代嘉庆年间是长芦盐区丰财场场署所在地，咸水沽则在清初是富国场场署所在地。带"坨"字的地名主要与盐的存放有关，长芦盐区各盐场将生产出来的食盐于场坨储存。天津地区曾有盐坨村，即今北宁公园后门至新开河南岸一带，此地在明清两代为贮存贡盐之地，后发展成街巷纵横的聚落，并出现了一系列以"盐坨"命名的地点，如盐坨东胡同、盐坨西胡同、盐坨东一条等。而在济民场古图中，可以看到常坨、黄坨、青坨等带有"坨"字的地名（图 3-2）。时至今日，其周边聚落如坨里镇、白坨村、东玉坨村、小双坨村等，名中依然带有"坨"字。除"坨"字外，天津还有以古代盐业管理机构命名的地点，如盐关厅大街、盐关厅胡同、盐讯胡同等，以及以盐店命名的地点，如盐店街、小盐店胡同等。另外，天津塘沽地区还有盐业里、塘盐公路等，汉沽地区有小盐河、盐王店等与长芦盐业相关的地名。

注：左图底图来自嘉庆《长芦盐法志》。

图 3-1 兴国场古今对比图

注：左图底图来自嘉庆《长芦盐法志》。

图3-2 济民场古今对比图

二、产盐聚落的分布特征

长芦盐区的产盐聚落在最初形成的时候是沿着渤海海岸线分布的。在研究过程中发现，长芦盐区产盐聚落普遍具有三个分布特点：①大都分布在盐滩、盐灶附近，而盐滩、盐灶紧邻渤海边。这不但便于获取海水这一食盐生产的原材料，也便于灶民往来于盐滩、盐灶等工作地点与其居住的聚落之间。②均围绕各盐场场署呈环状分布。在表3-1的各图中，虚线标明了长芦盐运输车道，从中可以看出，场署与周围聚落呈放射形。这便于长芦盐的盐政管理，也缩短了场署至聚落的运输距离。③产盐工作区与场署附近往往分布着与盐业相关的庙宇，供盐业从业者祈求盐产增长、盐运顺利、盐业发展兴旺。

以上为长芦盐区产盐聚落所具有的普遍特点，除此之外，长芦盐区产量较大的盐场附近产盐聚落还紧邻着盐运河道。清代天津分司所辖四个盐场的产盐量在长芦盐区产盐总量中占绝大部分，通过四条水运线路运输的食盐均由此四个盐场产出。巨大的产量及广阔的引地要求便利的水运条件，故而天津分司所辖盐场的产盐聚落多紧邻河道分布，这也是其不同于其他盐场的特点。

由于产盐聚落遗存较少，本书主要通过清代嘉庆《长芦盐法志》所记载的各盐场图来对长芦盐区产盐聚落的分布进行研究。

表3-1 长芦盐区产盐聚落分布对比

所属分司	盐场图照	说 明
沧州分司	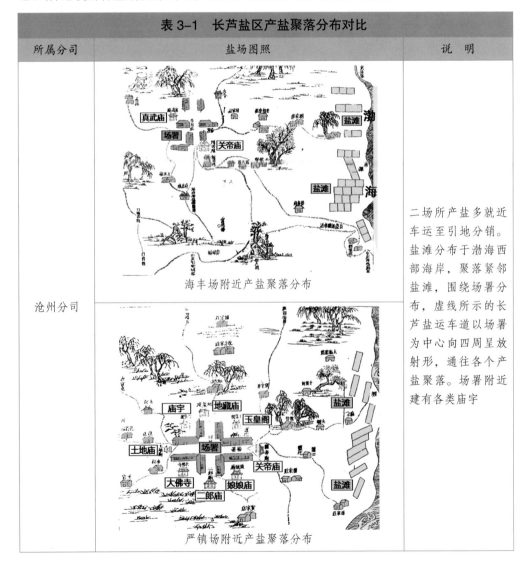 海丰场附近产盐聚落分布 严镇场附近产盐聚落分布	二场所产盐多就近车运至引地分销。盐滩分布于渤海西部海岸，聚落紧邻盐滩，围绕场署分布，虚线所示的长芦盐运车道以场署为中心向四周呈放射形，通往各个产盐聚落。场署附近建有各类庙宇

（续表）

所属分司	盐场图照	说　明
蓟永分司	 济民场附近产盐聚落分布 越支场附近产盐聚落分布	二场所产盐就近车运至引地分销。盐滩分布于渤海北部海岸，聚落紧邻盐滩，围绕场署分布，虚线所示的长芦盐运车道以场署为中心向四周呈放射形，通往各个产盐聚落。场署附近有庙宇建筑

（续表）

所属分司	盐场图照	说　明
天津分司	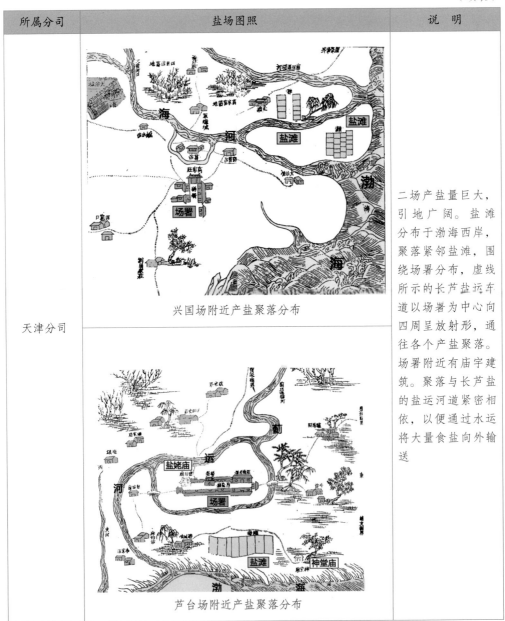 兴国场附近产盐聚落分布 芦台场附近产盐聚落分布	二场产盐量巨大，引地广阔。盐滩分布于渤海西岸，聚落紧邻盐滩，围绕场署分布，虚线所示的长芦盐运车道以场署为中心向四周呈放射形，通往各个产盐聚落。场署附近有庙宇建筑。聚落与长芦盐的盐运河道紧密相依，以便通过水运将大量食盐向外输送

三、产盐聚落的形态特征及现状遗存

受现代产盐技术进步以及城市化的影响，长芦盐区的众多产盐聚落已被现代化城镇与村落取代，因此笔者仅能根据部分实地调研资料对其形态特征和遗存进行粗略分析。

天津市葛沽镇位于海河南岸，自明代开始便是著名的水旱码头及贸易、货物集散地，南粮北调与北盐南运都要经由此地，其盐运、漕运地位在天津地区举足轻重（图3-3、图3-4）。嘉庆时期葛沽镇便是长芦盐场丰财场的场署所在。葛沽镇曾有"九桥十八庙"之胜景，古称"水流三带珠连七，桥飞九虹庙十八"。九桥架在古代为方便运盐而专门开挖的三条"驳盐沟"之上，三条驳盐沟即"水流三带"。十八庙则源自葛沽当地口耳相传的神话故事及民间传说，其中的天后宫供奉着民众用来祈求保佑长芦盐运及漕运往来平安的天后娘娘（图3-5）。除十八庙之外，葛沽镇还曾建有专门供奉着长芦盐区特有的盐神——盐公盐母的灶离庙，当地有俗语称"先有灶离庙，后有

图 3-3　葛沽镇鸟瞰图

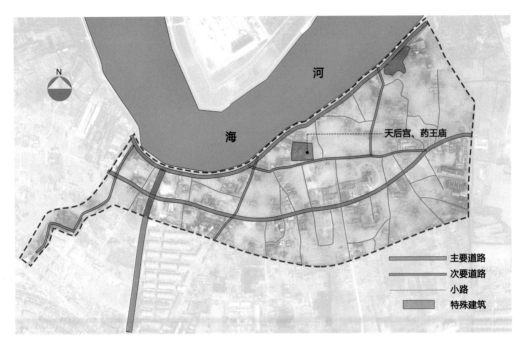

图 3-4　葛沽镇平面图

图 3-5　葛沽镇天后宫

葛沽镇",可见长芦盐业对当地的巨大影响。葛沽镇自古盐业发达,商贸繁荣,然而及至今日,葛沽镇的十八庙中只有天后宫、药王庙保存了下来(图 3-6),民居则仅存郑家瓦房、张家瓦房,其聚落原本风貌已消失在历史的长河中。

　　黄骅市辛立灶村,村名中的"灶"字表明其曾为盐灶所在之地,"辛立灶"顾名思义即"辛辛苦苦建立起的盐灶"。辛立灶村很早便利用海水制盐,是黄骅市目前唯一的仍以盐业经济为主要经济的村落。其传统手工制盐技艺已被列为省级非物质文化遗产。辛立灶村东南部曾发现战国时期遗址,发掘出众多古代煮盐的器具,说明战国时期当地已用陶罐熬盐。辛立灶村整体呈团状,被包围在盐田滩涂之中,聚落与盐田毗邻,方便村民工作。目前,辛立灶村内部规划已十分现代化,以一条主路为轴串联起村内两个区域,形成"沙漏"形,整体路网垂直交叉,建筑风貌已完全是现代化农村风格(图 3-7、图 3-8)。

图 3-6　葛沽镇药王庙

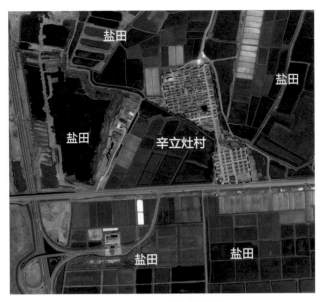

图3-7 辛立灶村平面图

图3-8 辛立灶村鸟瞰图

第二节

运盐聚落

因运盐而生的聚落主要分布于长芦古盐运河道沿线上，其兴衰与长芦盐的运输和盐业贸易等活动有着密切的关系。聚落的形成和发展是多种外部因素与内部因素联合驱动的结果，且聚落的发展要基于与外部环境进行物质的交换与文化的交流。长芦盐的运输正是这众多的外部因素之一，且盐在古代的意义非同一般。在古盐道上，众多聚落因盐业而不断发展，并凭借盐运交通与外界进行交流。除盐业中心天津外，根据聚落的成因、特点，长芦盐区的运盐聚落可以分为盐业运输型聚落和盐官盐商家族型聚落。

一、运盐聚落的形成与变迁

（一）清代长芦盐业中心天津的发展与兴盛

明朝时期，产盐贩盐已成为天津的支柱产业。由明至清，长芦盐区的盐业中心由沧州北移至天津，天津盐业迅猛发展，成为长芦盐的管理、生产、转运及长芦盐商聚集的中心，各种监督管理机构也常驻天津。长芦盐的运输网络以海河水系为基础，而天津正处于海河水系汇流处，自古有"九河下梢"之称，是长芦盐的水运枢纽，也是长芦盐运输的第一个集散地。

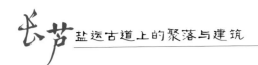

1. 长芦盐业对天津城市的影响

城镇与聚落因人而建，因业而兴。长芦盐业在天津历史发展中一直占据着十分重要的地位，对天津城市的形成、建设、发展和繁荣起到了巨大的作用。天津城市基础设施的筹建与改善，教育、文化、慈善等社会事业的发展，均得到过长芦盐商的大力支持和资助。天津商贸范围的扩大、行业结构的丰富、消费水平的提升等，在一定程度上与长芦盐业的需求和刺激有关。此外，在古代，人口是城市经济繁荣的重要标尺之一，而由于长芦盐业的兴旺，天津无论常住人口和流动人口都明显增多。

驻地在天津的盐官与长芦盐商借助盐业资本，全方位地参与了天津城市建设，使天津的城市面貌显著改善，并使百姓的生活居住水平也大大提高。天津地势低洼，潮湿多水，城墙易损，而在其多次修缮中，长芦盐商出力甚多。例如，雍正三年（1725年），巡盐御史莽鹄立奏请修城，获得允准。此次修城由居住在天津的长芦盐商安尚义、安岐父子捐资进行，在修补城墙之外，还疏浚了护城河，前后历时十年。除此之外，乾隆十一年（1746年）、乾隆十七年（1752年），运司皆饬长芦盐商捐银修理城墙。天津浮桥的建设也与长芦盐业密切相关。浮桥由船只串联而成、横亘河面。天津河流湍急，不便建造石桥，建浮桥是解决渡河问题的绝佳方式。清代天津修建了西沽浮桥、河楼迤西浮桥、钞关浮桥和盐关浮桥等浮桥（图3-9）。这些浮桥修建与后期维护都离不开长芦盐官的倡议以及盐商的捐施。这些浮桥不仅方便了百姓日常交通，其中的盐关浮桥与钞关浮桥还成为稽查盐运、漕运的关卡（图3-10），流传至今的"三道浮桥两道关"说的就是西沽浮桥、钞关浮桥、盐关浮桥三浮桥以及钞关、盐关两关。

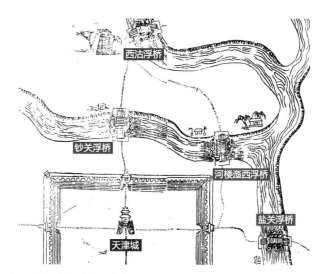

注：底图来自《长芦盐法志》。

图 3-9　天津浮桥总图

注：底图来自天津鼓楼博物馆。

图 3-10　盐关浮桥旧照

　　总之，由于长芦盐业的繁荣，天津成为北方最具特色的城市之一。清代诗人张船山在《过津沽诗》中写道："十里鱼盐新泽国，二分烟月小扬州。"著名文人纪昀也曾提及："天津擅煮海之利，故繁华颇近于淮扬。"

2. 长芦盐业影响下的天津城市格局

天津卫城建于明代永乐年间，是东西长南北短的方形城池，城内布局以鼓楼为中心，十字形大街通向东西南北四门。天津城东临海河，北邻南运河，在城外东、北沿河地带，盐务、漕务等机构众多，为方便长芦盐运与漕运，天津卫城以北门为正。随着长芦盐业在天津逐渐兴旺，清代，天津城外自发形成的商业市场日益活跃，出现了城东天后宫与城北北大关两个城外商业区，其中城东天后宫片区便是以盐业经营为主的商业区。总的来说，天津卫城和城外两大商业区组成了整体城市空间，"城"与"市"分离，市在城外，城在市旁，城垣内封闭，城市总体空间开敞，形成了完整的天津城市格局。

清乾隆时期镇江画家江萱所绘《潞河督运图》描绘的就是天津城东门外长芦盐运的繁华景象，生动地反映了长芦盐业对天津城东门外的规划建设以及居民生活方式的影响。《潞河督运图》长约 6.8 米，以写实的手法描摹了天津北、东方向的商业区场景，包括村落、街道、衙署、寺庙、商铺等。与《津门保甲图说》及《商盐坨图》中的相关图片相对比，可更直观地看出长芦盐业影响下的天津城市格局（图 3-11、图 3-12、图 3-13）。

图 3-11 《潞河督运图》中的长芦盐业相关建筑

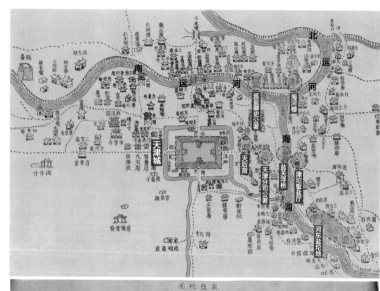

图 3-12 《津门保甲图说》
中的长芦盐业相关建筑

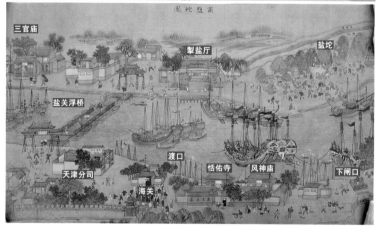

图 3-13 《商盐坨图》
中的长芦盐业相关建筑

此外，嘉庆《长芦盐法志》也详细记载了长芦盐业的各类建筑、关卡及存盐场地，它们多集中在天津城东门外的海河两岸及三岔河口附近。将《潞河督运图》《商盐垞图》与嘉庆《长芦盐法志》中的图片进行对比，可更为深刻地认识这些长芦盐业相关建筑（表3-2）。

表 3-2 天津城东门外商业区中的长芦盐业建筑

名 称	类 别	图 片
巡盐御史公署	盐业署衙建筑	
海河楼	盐业报效建筑	
天津分司公署（左）与津垞掣盐厅（右）	盐业署衙建筑	

（续表）

名　称	类　别	图　片
盐关浮桥	盐关	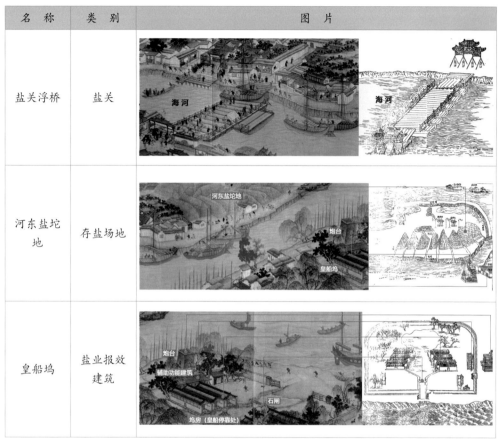
河东盐坨地	存盐场地	
皇船坞	盐业报效建筑	

注：底图来自《商盐坨图》《潞河督运图》与嘉庆《长芦盐法志》。

（二）长芦盐区盐业运输型聚落

长芦盐区古盐道分布在历史文化底蕴深厚、自古经济发达的华北平原上，其沿线的众多古镇大部分是在古代农业社会里自发形成的，后由于长芦盐业经济的发展、盐业运输线路的贯通、外来资本的介入和各地的交流，这些古镇聚落空间不断扩大，经济快速发展，大多逐渐发展成为商业城镇和水陆交通枢纽（表3-3）。

表3-3 长芦盐区部分盐业运输型聚落一览表

聚落名称	所属运道	聚落图片	聚落简介
西沽	北河河道		西沽于明初建村，东临长芦盐区北河河道之北运河，当时北运河称为沽河，因其位于沽河之西，故名"西沽"。南北大运河贯通后，西沽成为北河河道上的重要水运节点。西沽居民世代依靠水运、码头货栈为生。可以说西沽正是典型的因运盐而盛的聚落
胜芳古镇	淀河河道		胜芳古镇位于霸州市，是长芦盐区之淀河河道上的主要水运节点。它本是一个小渔村，金代开始形成由胜芳经三角淀、子牙河至天津的水路运输路线，元明清时期该路线发展成淀河运道区域与天津往来的必经之路。胜芳镇是我国北方著名的水旱码头，不但有长芦盐商在这里落脚，还云集着其他各类商贾，水陆交通畅达，到清代发展成为直隶六大重镇之一。北方有这样的俗语：北方商贾数晋商，冀商之中数胜芳
广府古城	西河河道		广府古城位于邯郸市，在长芦盐区西河河道的滏阳河之西，是长芦盐运的重要节点。古城保存完好，颇具规模。城池为规整的方形，这在中国古城中是少有的。城墙历史悠久，每面有门，门上建有城门楼，有瓮城，城墙四角建有角楼，有护城河围绕。调研时发现，如今仅东西两门存有瓮城，城内规划形制保存完好，老街纵横，商贾云集，可以很好地反映古城风貌

聚落名称	所属运道	聚落图片	聚落简介
大名古城	御河河道		大名古城位于邯郸市，在长芦盐区御河河道之卫河西侧，清代长芦盐运往河南的引盐全部从大名县的龙王庙和白水潭转运，可见其聚落发展与长芦盐关系密切。古城整体布局保存完好，路网呈棋盘样式，地势中间高四周低，似龟背，由中间向四方缓降，是从立体空间角度构思的龟形城市。遗憾的是古城的建筑保存不佳，仅北城门可一探古城往日风采

（三）长芦盐区盐官盐商家族型聚落

"开中制"下，商人往返于九边重镇与内地之间，先于内地收购粮草等军需物资，再运往边镇换取全国各地的盐引，而后又到盐产地提盐运至引地销售。在此过程中，于商人往来的各商路上出现了许多以家族血缘关系为主导的盐官、盐商家族型聚落。

为纳粟于边，大批晋商在太行山中穿行。由于太行山延袤千里，百岭互连，千峰耸立，万壑沟深，有许多条河流横向切穿太行山，于是形成多条东西向的横谷——陉，晋商前往长芦盐产地就需要通过这些陉道。太行山从北到南有军都陉、飞狐陉、蒲阴陉、井陉、滏口陉、白陉、太行陉、轵关陉等八条陉

道，古称太行八陉（图3-14），它们既是古代晋、冀、豫三
省人民穿越太行山相互往来的八条咽喉通道，也是三省边界上
的重要军事关隘所在之地。盐商往来促进了长芦盐区经济的发
展，也传播了各地的聚落与建筑文化。许多山西的盐官、盐商
发家后，穿越太行八陉，于太行山附近落地生根，修建了以家
族血缘关系为主导的村落。这些村落大多分布在长芦古盐道末
端，处在太行山脉脚下，即太行八陉靠近长芦盐区一端的出口
处（表3-4）。

图3-14 太行八陉与长芦盐区之关系

表 3-4　长芦盐区部分盐官盐商家族型聚落一览表

聚落名称	所在陉道	聚落图片	聚落简介
天长镇	井陉		天长镇即井陉旧城，古时商贾云集，素有"燕晋通衢"之称，众多晋商从此经过进入长芦盐区。井陉旧城规划形如簸箕，格局保存完好，城墙历史悠久，唐代已有记载，现存城墙为明代复建
于家石头村	井陉		嘉庆《长芦盐法志》记载，于谦为明代首任长芦巡盐御史，明代成化年间于谦的后代迁居于此并建立了于家石头村。由于该村地处偏僻，地形又是岗岭斜坡，所以建筑与道路的建造材料基本都是石头，于家人还用石头雕成器物，形成了独特的石头文化。可以说，于家石头村是长芦盐官家族型聚落的代表
大梁江村	井陉		大梁江村处于晋冀交接地带、太行山腹地，明万历年间，梁氏自山西平定城西村经井陉迁来此处。梁氏族人世代经商，经长芦盐区西河运道往来于京津地区与此地，推动各地文化的传播，大梁江村的建筑即兼有山西民居和北京四合院双重特色

（续表）

聚落名称	所在陉道	聚落图片	聚落简介
英谈古寨	/		英谈古寨是长芦盐商路家的老家。明朝永乐二年（1404年），开中制背景下，路氏从山西洪洞迁来此地建房安家。英谈古寨有一姓三支四堂之说，其中的德和堂经营的便是西河运道上的长芦盐。英谈古寨的建筑选材是当地盛产的一种红石材，也有少量较古老的青石建筑，就连屋顶都是用石片搭成
伯延古镇	滏口陉		伯延古镇位于□□□□□□，□始仅几户人家迁居此地，明清时逐渐发展成武安八大镇之一。清乾隆年间，伯延人大批外出经商，足迹遍布京津乃至全国各地，他们在经商的过程中建设了现在的伯延古镇
寨卜昌村	太行陉		王姓先祖明初顺应晋商猛烈崛起的时代大势，从山西洪洞经太行陉移民至寨卜昌村，王家世代经商，凭借雄厚财力，修建了大量宅院。王家后人王大温曾于江苏任盐务的候补道。寨卜昌村整体呈龟形，设寨墙，外有寨河。王家以祠堂为中心将寨卜昌五条街占了两条半

二、运盐聚落的分布特征

（一）盐业运输型聚落的分布特征

1. 分布于河流交汇口

水运是古代最便捷的运输方式，具有联系范围广、辐射能力强等优点，作为水运线路上重要节点的河流交汇口往往是各盐运通道上的交通枢纽。此外，因河流相互冲击而在河边形成了众多大大小小的平坡或缓坡，这些平坡或缓坡不仅便于长芦盐的集散和储存，还为当地居民的生产生活创造了条件，故而河流交汇形成的地带成为长芦盐业运输型聚落最为理想的选址。

但由于长芦盐区地处华北平原，北方水系相对于南方来说并不十分发达，前文所说的位于河流交汇口处的盐业运输型聚落主要都在近产盐区的各支流汇入海河处，如清代长芦盐业中心天津以及位于三岔河口附近的西沽。此外，淀河运道各支流汇入大清河处也有部分此类聚落，如保定府。见表3-5。

表3-5 长芦盐区盐业运输型聚落与河流位置关系表

聚落名称	聚落与河流位置关系图	说 明
天津与西沽	注：底图来自乾隆《天津县志》。	天津是清代长芦盐的第一个转运站，盐商支盐后首先需运至天津盐坨地等待检验，而古天津城正位于南运河汇入海河的三岔河口西侧。西沽则是北河运道上的重要集散点，它位于北运河西岸，近北运河与子牙河交汇口处

（续表）

聚落名称	聚落与河流位置关系图	说　明
保定府	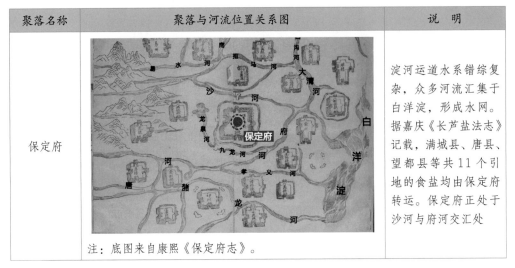 注：底图来自康熙《保定府志》。	淀河运道水系错综复杂，众多河流汇集于白洋淀，形成水网。据嘉庆《长芦盐法志》记载，满城县、唐县、望都县等共11个引地的食盐均由保定府转运。保定府正处于沙河与府河交汇处

2. 分布于水陆转运节点上

长芦盐区局部地区河流淤塞或无河流分布，水运不通，这就需要由水运转陆运。运输方式的改变导致盐商需在岸边停靠歇脚，装卸食盐，缘此这些水陆转运节点周边原本从事其他职业的居民也转而从事盐业相关劳动，盐业的兴旺带动这些节点聚落发展壮大成为城镇。

由于北方水系不及南方发达，于河流交汇处形成聚落的条件差，故而长芦盐区的大部分运盐聚落都分布于水陆转运节点上，但因为社会急剧变迁、交通方式改变以及大规模城镇化，长芦盐区运盐聚落的保存状况并不乐观。表3-6反映了长芦盐区分布于水陆转运节点处的运盐聚落的选址情况。

表 3-6　长芦盐区部分盐业运输型聚落与河流位置关系表

聚落名称	聚落与河流位置关系图	说　明
大名府古城	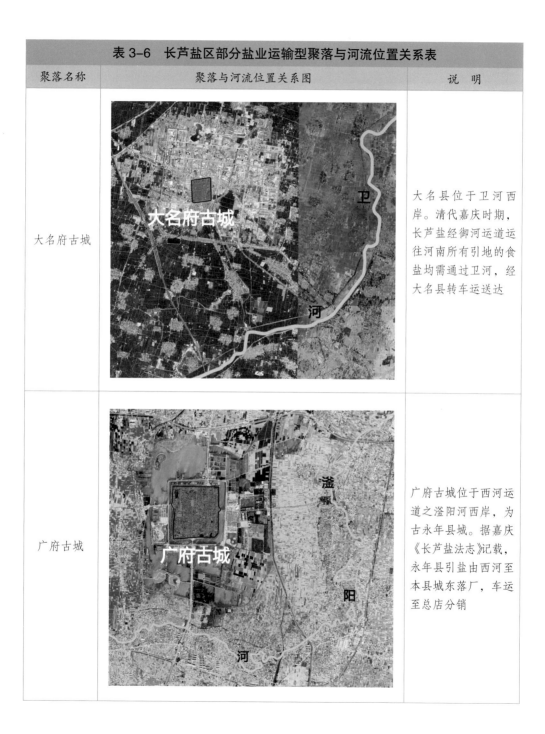	大名县位于卫河西岸。清代嘉庆时期，长芦盐经御河运道运往河南所有引地的食盐均需通过卫河，经大名县转车运送达
广府古城		广府古城位于西河运道之滏阳河西岸，为古永年县城。据嘉庆《长芦盐法志》记载，永年县引盐由西河至本县城东落厂，车运至总店分销

（续表）

聚落名称	聚落与河流位置关系图	说　明
胜芳古镇		胜芳古镇位于东淀溢流洼，地处中亭河北岸。古时的东淀南连淀河运道的干流大清河千里堤，北连中亭河中亭堤，水路畅达。胜芳古时属于文安县，长芦盐经淀河运道之大清河运往各引地，胜芳便是该运道上重要的集散点

（二）盐官盐商家族型聚落的分布特点

1. 分布在太行八陉附近

在开中制背景下，晋商不断扩大经营版图，纷纷涉足长芦盐业。太行八陉作为连接山西与长芦盐区的重要通道，不仅连通了地理空间，加速了人员物资的流动，还促进了各地间文化的交流。经营长芦盐的晋商穿梭于太行八陉之中，来往于太行山东西两侧，因盐运路途遥远，往往需要中途打尖歇脚，于是沿着太行八陉的交通线形成了众多作为交通节点的古村落（图3-15）。

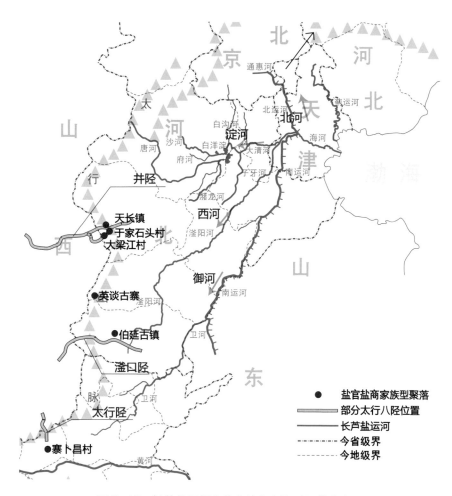

图 3-15 长芦盐区部分盐官盐商家族型聚落分布图

2. 分布在盐业运输路线末端

明清时期，长芦盐商的活动范围、所行经的线路是固定的，即从天津附近的产盐区支盐，经水路转陆路运至朝廷划定的引地销售。为方便盐业的经营，有的盐商选择在其运输路线的末梢处即最终的引地所在，落脚定居，后来不断聚众成邑，从而形成一些盐业聚落。

三、运盐聚落的形态特征

（一）大型运盐聚落——长芦盐业等的运输活动作为影响因素促进其发展

1. 落厂点与聚落呈分离形态

华北平原上的大型聚落一般都具有悠久的历史，而长芦盐运活动则较之晚许多，所以即使有些聚落是运盐聚落，亦不与盐运河道紧紧相依，而是处于盐运河流附近。但长芦盐的落厂点却主要受航运河道影响，故其往往与盐运河相依相偎，介于聚落城池与盐运河道之间，并作为纽带连接两者（表3-7）。

2. 内部形态较规整，道路系统呈"十"字形

从内部形态来看，大型运盐聚落多是人为规划出来的。县城、府城等规模较大的运盐聚落往往形制规整，道路平直，政治、商业功能为其核心功能，如大名古城、广府古城形态呈方形，街道布局多为"十"字形。

大名古城位于京杭大运河故道卫河河畔，历史悠久。凭借优越的水利交通位置，大名县逐渐发展成为河北甚至华北地区区域经济中心，盐业更是带动大名县经济发展的龙头行业。"商舟盐榷贸易往来，上自卫辉、新镇，下达临清、天津，亦咸鳞次鹜逐于县境中。"①大名古城较完整地保存了传统古城的风貌，整体形态呈矩形，南北长，东西短，中间高，四周低，在纵向空间上形成了龟背城的形制，其中轴对称，四面开城门（图3-16）。古城城墙建于明代建文三年（1401年），庄重高大，雄浑古朴。城墙四角各建一角楼，东西南北四个城门分别名为"体仁门""乐义门""崇礼门""端智门"，城墙外围有护城河。古城的政

---

① （清）张维琪、（清）李棠：《大名县志》卷八，乾隆五十四年刻本。

表 3-7　长芦盐区部分大型运盐聚落城池与引盐落厂点位置关系表

聚落名称	聚落城池与引盐落厂点位置关系图	说　明
宁晋县	注：底图来自康熙《宁晋县志》。	清代，宁晋县白木码头是西河运道滏阳河上的重要转运点，正定、井陉、获鹿等13个引地的食盐均经此转运
清河县	注：底图来自康熙《清河县志》。	清河县是御河运道上的重要转运点，广宗县、威县、清河县引盐均经油坊集落厂
大名县	注：底图来自乾隆《大名县志》。	大名县的龙王庙、白水潭两处转运点是长芦盐由御河运道运往河南各引地所必经的转运点

治区和商业区集中在南半部分，包括府衙、道署以及各式各样
的商铺。街道呈现出棋盘式方格路网的特征，结构严谨。中心
两条大街相交呈十字形，既是古城的主干道，也是古城规划的
中轴线。两条主干道视线通透，交叉处为商业中心。古城内部
的建筑均为一至二层，高度基本保持在 12 米以下（图 3-17）。

图 3-16　大名古城平面图

A.端智门   B.主要街道   C.次级街道

图 3-17 大名古城今貌

再如广府古城，即永年县城，其最早的"市"出现在东大街路段，而运至该县的引盐落厂点在县城以东，这也证明长芦盐业对广府古城的规划布局产生了一定的影响（图 3-18）。广府古城的空间布局可总结为"一城双水三山四海"。"一城"指古城本身。"双水"指古城处于永年洼的湿地之中，古城墙外又被护城河环绕。"三山"指广府古城中的三个制高点，即府前口、囤市口和县衙口。"四海"指古城内的四个水塘。广府古城平面接近方形，城墙四面开门，建有瓮城（现仅东门和西门存有瓮城），四角建有角楼。城墙与护城河之间的环路是古城的主要外部交通。城内中部地势较高，主要道路系统呈"十"字形，东、西、南、北四条主街通向四座城门。除四条主街外，还有八条次街、七十二条支巷两个层级的道路系统，共同构成广府古城方格网状的内部空间格局和街巷体系（图3-19）。广府古城规划以府衙作为政治中心，统领建筑布局。公共建筑都位于主要交通干道上，居住区一般位于支巷，能够提供较好的私密性。

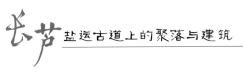

A. 鸟瞰图

B. 城门

C. 府衙

D. 主要街道

图 3-18 广府古城今貌

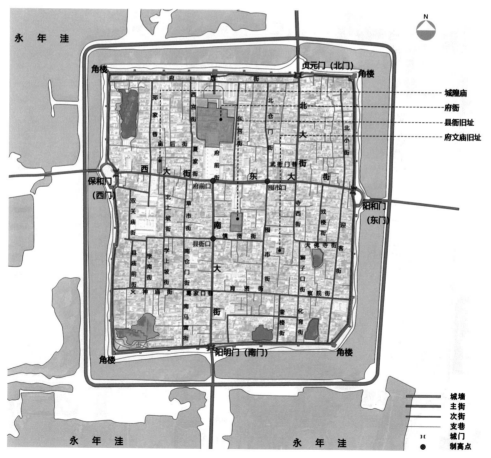

图 3-19 广府古城平面图

（二）小型运盐聚落——长芦盐业等的运输活动为其主导业态

1. 盐业贸易区与聚落融合

在长芦盐区一些村、镇等小型运盐聚落中，往往整个聚落的居民大都以长芦盐业等的运输活动为生，因长芦盐的运输而形成的商业区与聚落本身融合在一起。这类聚落往往与盐运河道联系紧密，有的以盐运河道作为聚落外围的护城河，有的聚落城墙与盐运河道相连（表3-8）。

表3-8　长芦盐区部分小型运盐聚落城池与盐运河道关系表

聚落名称	聚落城池与盐运河道位置关系图	说　明
张家湾		张家湾是长芦盐北河运道上的重要转运点，大兴县、宛平县等引地的食盐经此转运。北河运道作为其护城河的一段，紧邻城墙
河西务		河西务是长芦盐北河运道上的转运点之一，运往武清县的长芦盐经此转运。北运河与城墙相连，共同围合聚落
泊头镇		泊头镇是长芦盐御河运道上的转运点之一，交河县、阜城县的长芦盐经此转运。南运河与城墙相连，共同围合聚落

注：底图来自沧州市博物馆。

2. 内部形态较自由，道路系统呈"鱼骨形"

从内部规划来看，村、镇等规模较小的运盐聚落的布局形态相对较为自由。因盐运等运输类产业支撑着整个聚落的发展，故聚落规划时重点也偏向盐业等贸易。它们往往与盐运河流关系紧密，形态上顺应航运条件自然伸展，如胜芳古镇，街道布局呈"鱼骨形"。

胜芳镇位于东淀溢流洼，地处中亭河北岸（图3-20）。清代时东淀又称三角淀，是大清河水系南北两支下游的主要注淀之一。胜芳镇素有"小天津卫"之称，是沟通京津、保定的商品交易水路商埠码头，也是长芦盐淀河运道的必经之处，是典型的因航运与商业而兴盛的聚落。清末民初之时，天津大红桥上游的邵家园子附近，还建有专门的胜芳码头。通过四通八达的水系，过境胜芳的货品物资可被转运至各地。胜芳镇特有的水文环境和商贸的繁荣，使其享有"南有苏杭，北有胜芳"的美誉（图3-21、图3-22）。

注：底图来自胜芳镇博物馆。

图3-20　胜芳镇位置

注：底图来自胜芳镇博物馆。

图 3-21　胜芳镇水陆码头旧照

注：底图来自胜芳镇博物馆。

图 3-22　胜芳镇商业码头旧照

胜芳古镇西、南两侧紧邻中亭河，古时中亭河与大清河之间以东淀相连，使得胜芳古镇与长芦盐区淀河运道水系紧密相通。"几"字形的胜芳河作为纽带，由西向东贯穿全镇，把古镇分成四个部分，河上建的五座桥梁又把这四个部分连接在一起（图 3-23）。古镇的道路系统呈"鱼骨状"，街巷无断头路，相互连通。胜芳镇居民沿河而居，大多从事航运及商贸行业，故古镇形态随意性较强，建筑高低大小错落适中（图 3-24）。古民居的建筑体量一般较小，局部装修设计精巧，最具代表性的是张家大院和王家大院。

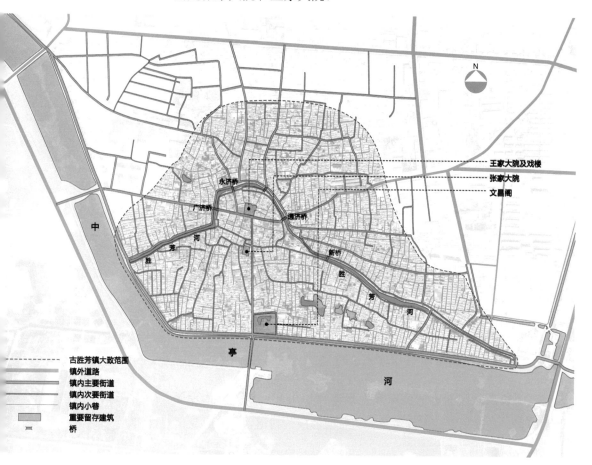

图 3-23　胜芳古镇平面图

图 3-24　胜芳镇今貌

四、代表性运盐聚落分析

长芦盐区盐官盐商家族型聚落往往由同一族群的人聚族
而居，是以同宗的血缘关系为纽带而形成的村落，所以其聚落
往往以祠堂等礼制建筑为核心进行规划。因其家族迁徙背景的

特殊性以及盐业贸易的运输要求，多数盐官盐商家族型聚落选址于太行山附近。这些聚落多依山就势，布局灵活，各有特色，如河北井陉于家石头村、河北邢台英谈古寨。部分选址离太行山稍远的盐官盐商家族型聚落，其规划相对规整，但也远比盐业运输型聚落更自由，如河南焦作寨卜昌村。

1. 于家石头村

位于河北省石家庄市井陉县的于家石头村是明代首任长芦巡盐御史于谦的后人所建。聚落建在四山合抱之坳，依山就势，由东南方向至西北方向地势逐渐升高。聚落整体布局较自由，空间形态丰富多变，形状类似一只展翅欲飞的凤凰。其东西长，南北窄，顺着地势走向逐渐向两侧伸展。于家石头村四面分别设一道门，门为阁楼形式，东面为清凉阁，西面为西头阁，南面为券门阁，北面为龙天阁，其中西门与北门已经损毁。位于聚落中心位置的是于氏宗祠，它也是重视血缘宗族关系的村民的精神寄托。于家石头村的道路往往随着地势起伏而变化，且较为曲折，自由度较大。一条"L"形的公路贯通于家石头村，将其分为东西两部分，保存较好的古村落主要分布在东部。于家石头村的主要交通干道是东西向的，称作街，南北则由小巷连接，而后再由胡同通向各户民居。全村共六街七巷十八胡同，这些不同层级的道路共同织就了村落的脉络与肌理（图3-25）。由于地形地势的原因，道路高低上下，纵横交织。道路皆用青石或卵石铺成，形成了于家石头村的独特风格（图3-26）。于家石头村的空间节点均分布于公共建筑附近，作为村民的活动场所，营造出开合有致的空间序列。于家石头村的建筑不拘朝向，错落有致，院落结构以合院式为主，建筑形式以单层石窑和楼窑为主，选材多为当地石材。

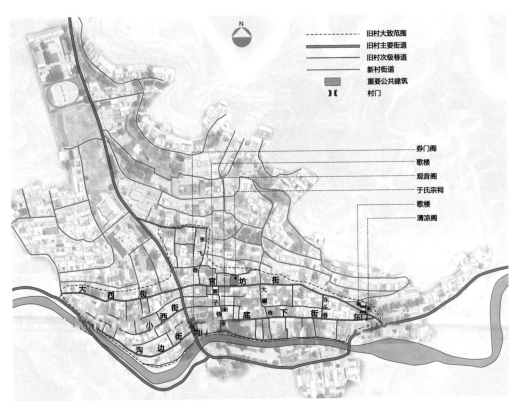

图 3-25　于家石头村平面图

A. 街巷

B. 清凉阁

图 3-26　于家石头村今貌

2. 英谈古寨

　　位于河北省邢台市信都区路罗镇的英谈古寨是长芦盐商路氏家族的老家。长芦盐业贸易的繁荣造就了英谈古寨庞大的石头建筑群。英谈古寨是典型的寨堡防御型聚落,其东、西、北三面环山,形成了半包围式的山体屏障。古寨整体面向东南,东西长南北窄,中间密两头疏,外围环有寨墙(图3-27)。寨墙东、南、西、北各有一拱券式寨门,其中东寨门是古寨的

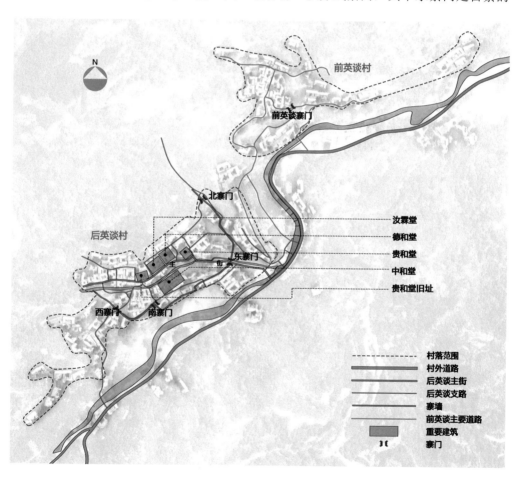

图 3-27　英谈古寨平面图

主入口（图3-28）。由石头铺成的主街是整个古寨的主轴线，有一山溪与之平行。主街曲折，大致呈东西向，长达1000米。由主街向外发散出"之"字形支路，通达各处民居。支路也可作为南北向交通，到达民居院落的上层。当地村民称英谈古寨"一城四门古石墙，座座古桥古楼房，石刻古雕古墓地，古道弯似九回肠"。古寨是以路氏家族血缘关系为纽带建立的聚落，居民的宗族观念和向心力很强，这成了影响聚落规划布局的重要因素。路氏家族有"三支四堂"之说，"三支"指路氏兄弟三人，"四堂"指路氏家族经营产业的四个堂口，分别是贵和堂、中和堂、汝霖堂和德和堂，其中德和堂经营的便是长芦盐业。古寨聚落也以这四个堂口为主导，分为四个组团，每个组团又

A. 鸟瞰图

由若干个院落组合而成。建筑顺应高差依坡就势、疏密有致，在地势相对平坦之处，呈片状密布；在地势高差较大之处，则呈点状散布；沿溪呈线形分布。古寨的民居建筑及道路均以当地的红色砂岩为材，村民将其加工成条石砌块或板材灵活使用。

B.建筑风貌

C.东寨门　　　　　　　　　　　　　　　D.小溪

图 3-28　英谈古寨今貌

3. 寨卜昌村

位于河南省焦作市山阳区苏家作乡的寨卜昌村是清代盐官王大温的家族所在聚落。清朝年间，随着家族生意的兴隆，王氏家族逐渐壮大，他们整合周边三个村落，并带头捐资修筑了围绕三村的寨墙，形成寨卜昌村。寨卜昌村地势平坦，村落布局以龟为营造意象，呈仿龟形，形式规整（图3-29）。龟头位于西北方向，龟尾位于东南方向，东、西、南、北四门则是四只龟脚。聚落以血缘关系为纽带，整个村落以王氏祠堂为规划核心和礼制中心，形成一个单核心的结构布局（图3-30）。寨卜昌村的道路系统呈网形，且主要街道呈"三纵五横"的格局。东西向五条街，南北向两条半街，不像城市街道那样规整，各街道间也并不严格地保持垂直或平行的关系，且街道相交处常常呈现出错位和转折的效果。寨卜昌村的民居整齐统一，且由于王氏家族在村落中的统领地位，其宅第集中占据了村落的中间位置，整个村落东西向五条街中的两条半都由王氏家族的宅居占据。

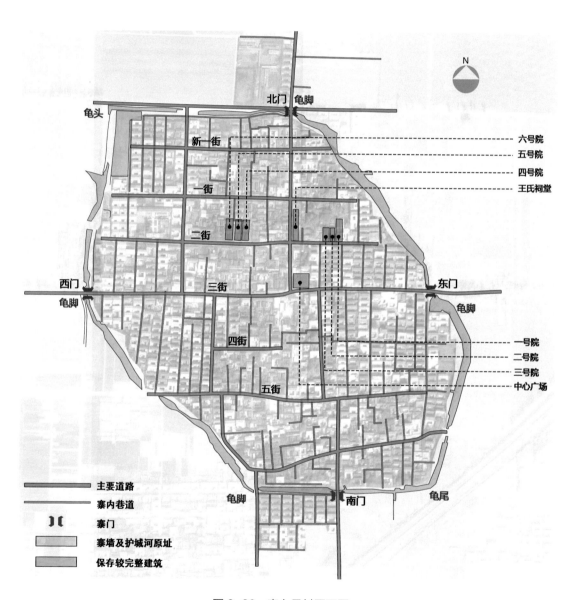

图 3-29　寨卜昌村平面图

A. 二街鸟瞰图

B. 王氏祠堂

图 3-30　寨卜昌村今貌

第四章

长芦盐运古道上的盐业建筑

盐业官署

由明代至清代，长芦盐业管理体系趋于完善，各类盐业衙署向天津迁移。长芦盐商为报效朝廷，在盐官的带领下或奉旨或自愿捐献，修建和改建了各类衙署建筑。

一、明清时期的长芦盐官

为保证官盐正常运销、防止私盐贩卖，各朝各代都建立了完整而严密的盐业管理体系。明清时期，长芦盐官主要有两类，一类官员统辖于长芦都转运盐使司，负责处理各种盐政事务，另一类则是对这些官员进行监督的巡盐御史。

1. 长芦都转运盐使司

长芦都转运盐使司是长芦盐区高层管理机构，总理盐政事务。明洪武二年（1369 年）始设时驻地在沧州，清康熙十六年（1677 年）移至天津。

明代长芦都转运盐使司直属机构有沧州、青州二分司，以及长芦、小直沽两批验盐引所（简称批验所）。沧州分司位于海丰场羊儿庄（今沧州黄骅羊二庄镇），由"运同"管理；青州分司位于越支场宋家营（今唐山丰南宋家营），由"运判"管理（图 4-1）。因沧州在南、青州在北，故分别被称为南司、北司，分司所管辖的盐场也被称为南场、北场。长芦、小直沽两批验所分驻南、北两司附近。盐课司是盐业管理的基层单位，

注：底图来自天津鼓楼博物馆。

图4-1 长芦盐运使司青州分司旧署

由分司管辖，多随盐场设立。明代共有二十四盐场，南北两司各管辖十二盐场，每个盐场都驻有盐课司。

清因袭明制，其管理结构无大的改变。清代，南北两场盐产量发生变化，长芦盐的生产更加集中，盐业中心北移至天津。都转运盐使司随着盐业中心的转移也移驻天津，青州分司移至天津后，更名为天津分司。除此之外，清代时还增设蓟永分司管辖北场中位于原青州分司附近产盐较少的四个盐场。由明至清各盐场产量增加，而盐场数量趋于减少，盐课司数量也随之减少。

2. 长芦巡盐御史

巡盐御史的主要工作是提督盐课、巡视私盐。明清时期，政府对盐业进行分区管理，除设置常规机构进行日常管理外，还会派出巡盐御史对其开展巡行监管。

明代的长芦巡盐御史衙署位于北京，其官员每年出巡，稽查直隶、河南、山东盐务一次，在天津、沧州、山东皆设有行馆。明代的巡盐御史除了整肃盐法，处置各种违法违规的行为外，后期还渐渐参与具体的盐业事务管理。除此之外，因盐业的运输与河道水利事务密切相关，巡盐御史还兼顾盐区的河道事务，疏通水道，保障盐业转运，也更方便稽查私盐。

清康熙七年（1668年），长芦巡盐御史改驻天津。除长芦盐务外，长芦巡盐御史还兼理山东盐区的事务。由于天津为华北水利枢纽，它在古代漕运中也占有重要地位，所以清代的长芦巡盐御史还兼理天津关卡的税务以及天津漕运事务。

在长芦的盐官制度下建造了许多盐业官署建筑，如长芦盐运使司衙署，天津、沧州运司衙署等。此外，清咸丰十年（1860年）后长芦盐务改归直隶总督兼管，而长芦巡盐御史又兼管河道事务，故此直隶总督衙门、河道衙署也可视为长芦盐业官署（图4-2）。长芦盐官发起、组织盐商进行了一系列的城市建设以及文教、慈善类建筑的建造等，他们是长芦盐区聚落与建筑文化兴盛的引导者。

注：底图来自保定直隶总督署博物馆。

图4-2 直隶总督处理盐政事务图及相关记载

二、长芦盐业官署建筑的特点

官署建筑规模的大小与官员品秩的高低直接相关。在分布上，长芦巡盐御史公署于康熙七年（1668年）自京城移驻天津，直至清末被裁撤。由于清代长芦巡盐御史还兼查山东盐区的事务，于是其在山东也设有分署。长芦都转运盐使司于康熙十六年（1677年）自沧州移驻天津直至清末被裁撤。其下辖的天津、沧州二分司分别于两地建设衙署，稽查私盐的掣盐厅也随分司分设于两地。分司所管辖的各盐课司随盐场设立场署，一般位于盐场附近各聚落的中心位置。

平面布局方面，等级较高的衙署建筑形制规整，一般是由一系列建筑围合而成的庭院式建筑群，有明显的一条或多条轴线，强调突出权力核心性与政治伦理性。在功能布局方面，盐业官署的主要办公空间均位于中轴线上，其建筑群中轴线往往与中路院落的建筑轴线重合。两侧轴线则设置辅助性功能建筑，院落布局相对较随意，不完全受轴线控制与约束，但所有院落轴线均与中轴线平行。中轴线上的功能布局多为"前衙后邸"形式，大堂、二堂为治事之所，二堂之后为内宅，是官员日常办公及其家眷生活的院落。大门一般呈八字形朝南敞开，寓意正大光明。等级较高的盐业官署建筑还设有辕门旗杆、祠堂、敬事堂等。除掣盐厅以及最低等级的盐课司场署外，其他官署建筑通常还辟一院落造园，中有亭台楼榭，碧水环绕。

总而言之，长芦盐业官署建筑功能布局主次分明，整体空间规整有序，带有封建宗法礼制下官署建筑的普遍特点。

（一）长芦盐运使司公署

选址：天津城内鼓楼东街。

分析：共 4 条轴线，主轴线建筑中轴对齐，次轴线建筑布局相对灵活（图 4-3、图 4-4）。共建房 242 间，照壁 1 座，照壁东西设鹿角木，还有铁狮台、旗杆台、鼓吹亭等。署衙西侧建有园林，名为意园。

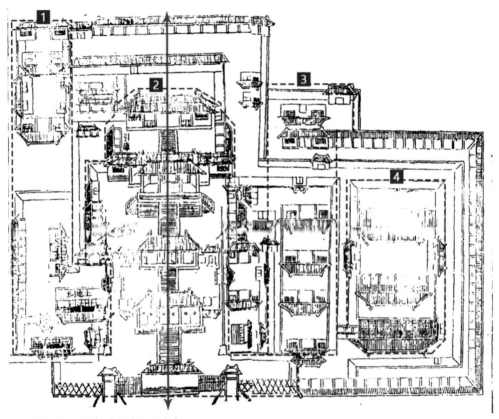

注：底图来自嘉庆《长芦盐法志》。

图 4-3 长芦盐运使司公署

注：此图来自天津鼓楼博物馆。

图 4-4 长芦盐运使司公署旧照

（二）长芦巡盐御史公署

选址：天津三叉河口西北，南运河北岸。

分析：长芦巡盐御史公署共 3 条轴线，主轴线上的建筑轴线对齐，从前到后依次为照壁、大门、仪门、大堂、二堂、三堂、环水楼，因功能不同形制也不同（图 4-5）。共有房 122 间，照壁 1 座，还有东西辕门、旗杆台、鹿角木、鼓吹亭。署后有园林，内中景物清丽秀美。

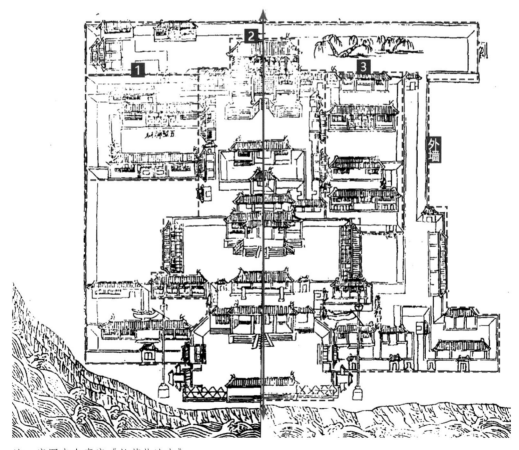

注：底图来自嘉庆《长芦盐法志》。

图 4-5　长芦巡盐御史公署图

长芦巡盐御史公署的建筑风貌可通过《潞河督运图》来了解（图4-6）。图中虽然仅表现出公署靠近南运河部分的先导空间，但仍可以清晰地看出，南运河岸上耸立着厚重敦实的照壁，其上绘制有一轮红日和海水。照壁两侧，两根高大的旗杆上飘扬着龙旗。二道门门口站着穿宝石蓝官服的门官，辕门内有执勤的侍卫。古时长芦盐业官署及其工作人员日常办公的场景跃然纸上。

注：底图来自《潞河督运图》。

图4-6 长芦巡盐御史公署

（三）分司公署

1. 天津分司

选址：天津城东门外海河西岸。

分析：据《商盐坨图》（图4-7）可推测早期天津分司建筑形制较为简单，只有一进院落，设东西二门。后天津分司公署发展为单轴线建筑群，主轴线与建筑轴线重合。两侧院落则灵活布局（图4-8）。第一进院落呈"八"字形。共有屋98间，带有园林。

注：底图来自《商盐坨图》。

图 4-7　清代天津分司

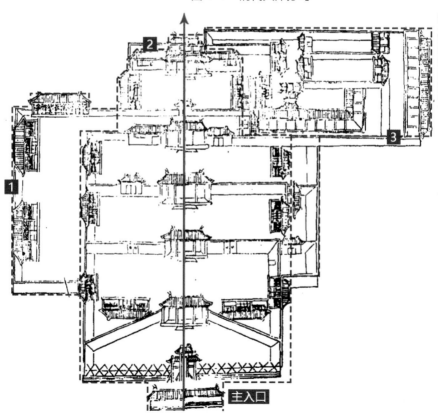

注：底图来自嘉庆《长芦盐法志》。

图 4-8　天津分司公署

2. 沧州分司

选址：沧州城内西南隅，旧运司署右侧。

分析：沧州分司公署共有两路轴线，主轴线偏西，共有屋91间，主入口位于轴线右侧，需经过一段狭长的院落方能进入主体空间（图4-9）。大门呈"八"字形，带有园林。

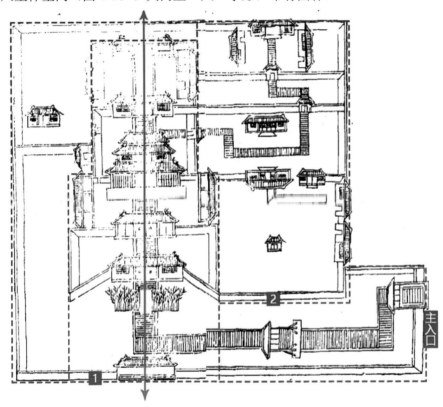

注：底图来自嘉庆《长芦盐法志》。

图4-9 沧州分司公署

（四）掣盐厅

1. 津坨掣盐厅

选址：天津城东门外海河东岸。

分析：据《商盐坨图》（图4-10）可推测早期津坨掣盐

厅建筑已有一定规模，主体院落呈"凸"字形，院中树有盐关旗帜。后津坨掣盐厅发展为单轴线两进对称型院落格局，两个院落在轴线上串联，最外是秤架与旗杆台，从大门进入后左右两侧是廨宇（即官舍），第二进是官厅，院落以墙围合，两侧开门（图4-11）。

图4-10　《商盐坨图》所绘天津分司

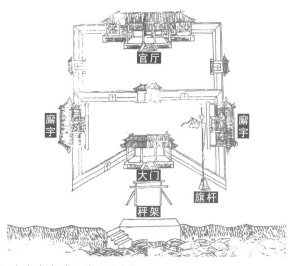

注：底图来自嘉庆《长芦盐法志》。

图4-11　津坨掣盐厅

2. 沧坨掣盐厅

选址：沧州城西门外，南接盐坨。

分析：沧坨掣盐厅为单轴线院落，从大门进入后正对主体
建筑官厅，院落中央放置秤架，左侧设闭门（图4-12）。院
落外东侧有白衣庙。大门前为盐坨，四周设栅栏，东进贮存未
称掣的生盐，北出可至掣盐厅称掣。四周设有巡房。

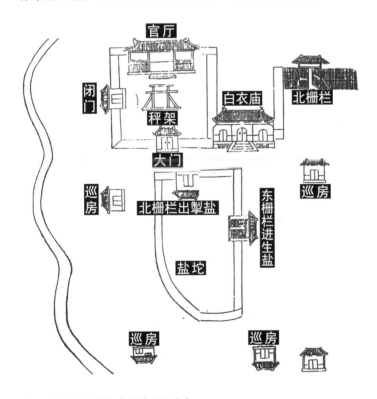

注：底图来自嘉庆《长芦盐法志》。

图4-12　沧坨掣盐厅

（五）盐课司场署

长芦盐区的盐课司场署均随盐场而建，一般位于盐场的中
心位置，以方便管理周边产盐聚落。盐课司衙署等级相对较低，

建筑数量较少，布局更加自由，空间上并不都围合成院落，但建筑基本都是对称分布（表4-1）。

场名	海丰场	越支场	济民场	石碑场
图				
说明	不围合成院落，建筑呈"十"字形对称布局	围合成两个院落，建筑横向对称布局	三座建筑中轴线对齐平行排列，其中两座面宽较长，一座面宽较短	不围合成院落，建筑横向对称分布

表4-1 长芦盐区部分盐课司场署形态表

注：表内各图底图均来自嘉庆《长芦盐法志》。

三、代表性盐业官署分析

由于历史的发展与现代化的推进，长芦盐区的巡盐御史公署、盐运使司公署等盐业官署已无遗迹，而直隶总督、清河道台等官员与长芦盐业关系密切，故本书即以其现存衙署建筑为例，来深入分析长芦盐区的盐业官署。

（一）直隶总督署

清末，长芦巡盐御史停遣，其原有职权由直隶总督行使，据此，可以认为直隶总督署是清末管理长芦盐业的官署类建筑。直隶总督署位于保定市，建筑群坐北朝南，布局严谨规整，体现了长芦盐区盐业官署建筑的普遍特点。总体来说，直隶总督署既承袭了盐业官署建筑的特色，同时又受明清皇家宫殿建筑群布局以及民居建筑规制的影响。

　　直隶总督署共有轴线 3 条，主轴线院落居中，与东西两路
次轴线院落之间以更道相隔（图 4-13）。中路主轴线院落为
主体建筑，从前至后依次为大门、仪门、大堂、二堂、三堂、
四堂五进院落，配以左右厢房耳房，均为硬山建筑（图 4-13）。
东西路则为幕僚、佐贰官以及其他官差杂役等人员的居住空间。
空间组织上，直隶总督署利用廊院连接空间的布局并通过横向
院落空间的长短、收放，以及地势的高低等来营造其威严的
气势。

　　主轴线上，"八"字形大门围合成门前广场，取"正大光
明"之意（图 4-14）。广场前方高高地耸立着一对铁旗杆，

图 4-13　直隶总督署今貌

其后是一对石狮，两侧有东西班房。大门后是仪门，仪门后的大堂院落横向收紧，纵向延伸，是直隶总督署建筑群中空间最大的院落，其相对两门前院落来说更为狭长，并采用廊房连接（图4-15）。大堂面积也最大，地势处于直隶总督署最高处，建筑等级同样最高，为五间硬山建筑，前出三间、后出一间卷棚抱厦。院落东西设有九间科房，其建筑高度压低，形制仅为卷棚顶，装饰朴素，以小衬大，以低衬高，借此烘托大堂森严肃穆的气氛。大堂后是二堂，二堂呈四合院形制，布局严谨，四周以厢房围合而成。二堂是总督日常办公和接见外地官员的地方，与大堂距离较短，方便总督工作。二堂后的宅门是前朝后寝的分界线，宅门后便是内宅，包括三堂、四堂。三堂又称官邸，是总督办公及起居的场所。四堂又称上房，是总督及其家眷生活居住的场所。

A. 仪门

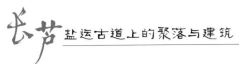

B. 大堂

C. 二堂

D. 三堂

图4-14 直隶总督署今貌

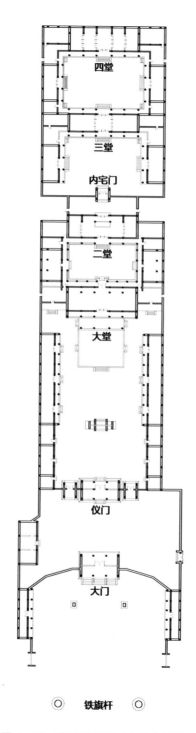

图 4-15 直隶总督署（中路）平面图

（二）清河道署

在古代，盐运与水利关系密不可分，明朝时的长芦巡盐御史即直接兼管盐区的河道事务。清初，作为畿辅重镇的保定水患不断，为加强治水管理，雍正四年（1726年），朝廷在保定设"清河道"，主管保定、正定、河间三府和易、冀、赵、深、定五直隶州的河务事宜，长芦盐区淀河运道在这些地区的水运事务也归清河道台管辖。

清河道署坐北朝南，建筑整体为合院式布局，中轴对称，分三路轴线，主从有序，布局严谨（图4-16）。主轴线院落居中，为主体部分。东西两路次轴线分别为幕府院（又称东跨院）、西花厅院。均为"前衙后邸"的形制。中路轴线上从前至后依

图4-16 清河道署今貌

次为大门、仪门、大堂、二堂、三堂（图4-17）。大门与仪
门间的院落呈长条形，倒座的五开间南房与大门并列，是佣人
和警卫房间。从仪门进入，大堂院落、二堂院落以及三堂院落
均为一正房两厢房式的三合院落，正房面阔五间，东西厢房面
阔三间。建筑本身设庑廊，与连接建筑的连廊相连，院院相通，
各房通过廊连成整体。中路院落东西墙开便门通往东路院落和
西路院落。其中大堂院、二堂院正房为清河道台办公所用，三
堂院为道台及其家眷居住所用，衙、邸之间未设内宅门。东路
轴线上依次为前院（已毁）、幕府院、后院。其中幕府院是道

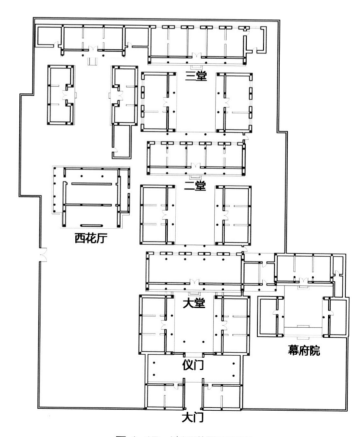

图4-17　清河道署平面图

台及其他衙吏办公的场所，后院为内宅。西路纵深串联了作为
清河道台和下属聚宴之所的西花厅及其后的内宅院落。

　　清河道署除西花厅外的所有建筑均为抬梁式硬山建筑，其
中大堂院落为卷棚顶（图4-18），其余为清水脊瓦屋顶。中
路院落大堂、二堂、三堂的正房都是面阔五间，进深一间，七
架梁，前出廊；中路东西厢房、幕府院、西花厅后院建筑则都
是面阔三间，进深一间，前出廊。这些建筑形式规整而统一，
且又区分主次。西路花厅因受徽派建筑影响，与其他稍有不同。
西花厅为三开间歇山顶建筑，前出三间抱厦，东西两侧带回廊。
抱厦的卷棚顶与主体建筑的歇山顶勾连搭接，抱厦的四架梁延
长，直接搭在金柱上，省略了围廊的两根明间前檐柱。

图4-18　清河道署大堂今貌

　　清河道署建筑装饰精巧优美，吸收了江南建筑的装饰特点。首先在脊饰上，二堂、三堂的正脊垂脊均为透风脊，即正脊为轱辘线，中间用砖雕装饰，兽后垂脊为筒瓦摆砌的银淀，脊饰为花草盘子和蝎子尾，此正为南方常用的脊饰手法。其次，仪门上的整块木雕花罩即"倒挂眉子"，以树枝、花鸟为主题，造型繁复，色彩鲜艳（图4-19）。此外，清河道署还吸收了部分西方建筑元素，在各套院落的便门等隐蔽部位使用了券门、券窗。

A. 仪门木雕

B. 二堂梁架木雕

图4-19　清河道署木雕今貌

盐业会馆

一、长芦盐业会馆概述

明清时期长芦盐区的会馆建筑主要集中在天津，此外，长芦盐运线路上水路交通发达的城市也有会馆分布。天津因其优越的地理条件和交通条件，不仅仅是盐业中心，更是漕运的重要节点，进而成为京师的重要门户与北方的军事重镇、特大型商业城市。南粮北调，北盐南运，加上各种各样的南北山货特产、丝绸、药材、瓷器等商品的贸易，一时间，全国各地的商贾云集于天津，使得天津货栈林立。为方便商业贸易的进行，众多外地商人客居于此，他们为联络同乡感情、协调彼此关系、应对同行竞争、议定商业策略、维护共同权益、抒发政治见解，也为解决货物存放、商人的临时住宿等实际问题而设立了众多会馆（图4-20、表4-2）。这些会馆皆由外地来天津经商的商帮所建，其中多有盐商参与，或与盐务有关。

注：此图来自天津鼓楼博物馆。

图 4-20　天津闽粤会馆旧照

名　称	地　址	主要建造者	创建时间
闽粤会馆	北门外针市街	福建广东官商	乾隆四年（1739年）
江西会馆	估衣街万寿宫	江西瓷商	乾隆十八年（1753年）
山西会馆	粮店街	山西烟商	乾隆二十六年（1761年）
山西会馆	锅店街	山西杂货商	道光三年（1823年）
济宁会馆	北门外西崇福巷肉市口	山东济宁商帮	同治四年（1865年）
怀庆会馆	北阁，小伙巷与曲店街交口东	河南怀庆药商	同治七年（1868年）
中州会馆	河北大经路	河北商帮	同治（1862—1874年）年间
浙江会馆	城内乡祠	浙江商帮	光绪八年（1882年）以前
绍武公所	北门外以西曲店街	福建绍武商帮	光绪十年（1884年）以前
吴楚公所	河北大王庙旁	江苏、浙江商帮	光绪十年（1884年）以前
卢阳公所	城内晒米厂丁公祠	湖南商帮	光绪十年（1884年）以前
江苏会馆	东门里义仓大街	江苏商帮	光绪十八年（1892年）
广东会馆	城内鼓楼南原盐运使署旧址	广东商帮	光绪二十九年（1903年）
安徽会馆	河北李公祠，总督衙门西三马路口	安徽商帮	光绪三十四年（1908年）
云贵会馆	河北五马路宇纬路北端	云南、贵州商帮	宣统三年（1911年）
山东会馆	今大沽南路365号	山东商帮	1933年

注：引自沈旸《明清时期天津的会馆与天津城》，《华中建筑》2006年第11期。

　　值得一提的是,《长芦盐法志》还记载了专门为长芦盐业建造的会馆类建筑——通纲商人公所。天津的长芦盐运使司公署(简称运使署)建立后,长芦盐商即在天津城鼓楼东、运使署北就近购置修建了通纲商人公所,共有房二十五间。众盐商于此休憩聚集,商议支引、配运、输课等公务。议定后即至南面的运使署,向运司申报,由其决定可否实施。公所院门位于正中,前导空间冗长,需经过两进院落方能进入,以保证其主要院落的私密性。前两进主要建筑面阔六间,最后一进主体院落正房面阔五间,两侧对称建有三开间的厢房(图4-21)。

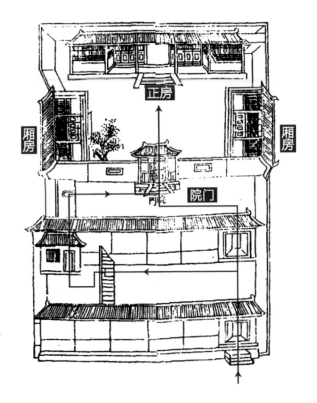

注:底图来自嘉庆《长芦盐法志》。

图4-21　天津通纲商人公所图

长芦盐业会馆建筑的最大特色便是在北方建筑风格的基础上融合了其他地区的建筑风格,这使得这些会馆整体显得瑰丽精致,独具匠心。

二、代表性盐业会馆建筑分析

（一）广东会馆

广东会馆位于天津旧城鼓楼南,是光绪三十三年（1907 年）由广帮商人集资,在原长芦盐运使司公署旧址之上建造的。广东会馆融合南北建筑文化特点于一身,既带有岭南建筑风格,可慰广东商人的思乡之情,又兼有北方四合院的特点,可适应北方气候条件。

广东会馆总体布局中轴对称,是两进的四合院（图4-22、图4-23）。第一进为前院,由正房、东西配房以及大门组成,都只有一层。正房

图 4-22　天津广东会馆今貌

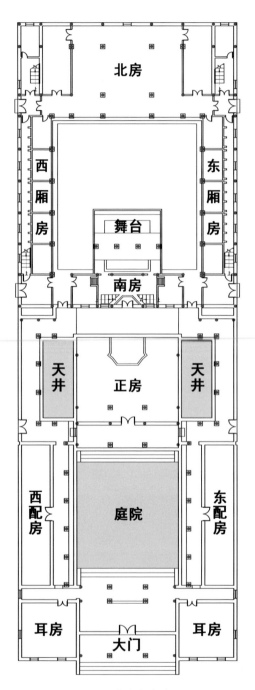

图 4-23　天津广东会馆平面图

两侧带回廊，各围合成一个小天井。大门位于正中，两侧有东、西耳房。第二进院落全为戏楼，统高二层，戏楼的设计利用了四合院的天井围合成的闭合空间，其上加罩棚，以南房为后台，北房以及东西厢房为座席。戏台位于天井南端，紧邻南房，戏台前也设座席。二楼为包厢。第一进院落各建筑均出廊，沿着院落与回廊结合，连接了两进院落，交通畅达。

广东会馆第一进院落的正房、大门、东西配房均为硬山顶，前出廊将几栋建筑连成一体（图4-24）。正房与大门面阔三间，东西配房面阔五间。第二进院落与第一进院落的格局完全不同，它利用四合院的天井，以南北向两根二十一米长的平行枋及东西向九米长的额枋，支撑起大跨度空间。戏台正上方藻井是广东会馆建筑艺术的精华所在。藻井涂金漆绿，重约十吨，直径六米，外方内圆，斗拱接榫勾连螺旋而上。在声学上这种构造既拢音又扩音，可以把声音传到各个角落而又不失真。戏楼舞台不设角柱，为分解藻井重量，采用悬臂吊挂式结构，即将舞台顶部东西两侧隐藏在拱形镂空花罩的后方，各用一根斜向的钢拉杆与主梁相连。同时，舞台顶部在雕刻精美的悬空式垂花门楼遮盖下，有数根纵向钢拉杆和复杂的榫架结构与主梁相连。这种做法既解决了藻井的自重问题又不失美观。戏台前的座席、两侧的夹层以及戏台正对的北房二楼均为包间，楼下是散座。

从广东会馆的细部做法可以看出南北装饰风格的融合。第一进院落外廊处采用南方的月梁做法，每个月梁间距和开间相同。会馆的建筑材料如砖、瓦、木也大多从广东购买，如室内和走廊地面用的红色黏土方砖便是广东烧制的。此外，会馆的五花山墙、室内装修、柱础、六角窗及各种精美的雕刻，均有岭南特色。瓦顶加保温土层、最下一层使用木望板，则是北方建筑的保温做法。墙体也采用了北方磨砖对缝砌法。

A. 大门

B. 游廊

C. 戏台藻井

D. 梁架木雕

图 4-24　天津广东会馆今貌

（二）淮军公所

　　淮军公所位于长芦盐区淀河运道上的转运节点保定市，全称"淮军昭忠祠暨公所"。它是李鸿章在直隶总督任上为纪念、祭祀因镇压太平军和捻军而阵亡的淮军官兵而建的，同时作为淮军在保定的办公驻地，兼有安徽公馆之用。李鸿章死后，清廷下旨将东路主体建筑改作"李文忠公祠"，故淮军公所兼有多种功能。由于李鸿章籍贯是安徽，当时徽商遍布全国，保定地区也有众多徽商，故淮军公所的风格兼具北方建筑的雄浑厚重和徽派建筑的秀美轻灵。

淮军公所建筑群规模较大，整体坐北朝南，主要区域原由中、东、西三路轴线并联组成，现仅存中、西两路（图4-25）。中路的三进院北面，隔一条东西向甬道，有几组北方四合院风格的院落，是公所院。此建筑组团与主要区域轴线不重合，两路两进院落为公所用房，西侧一进院落为杂役院。

中路轴线上原本由南至北有照壁、东西辕门、大门、戏楼前院、戏楼、戏楼后院和三进院落及后门，后门又分正门及东西便门。现照壁及东西辕门均无存。大门为一假两层砖砌徽派三楼牌坊式门脸。由大门进入后的第一进院落是迎宾院，为办

图4-25　天津淮军公所今貌

公和迎送客人之所。迎宾院正中设甬道，原本甬道两侧各立一
碑亭，现已毁。北房面阔五间，是宾客和主祭人员活动场所。
经北房中间过厅可进入第二进院落，第二进院落较为狭长，正
对的便是主体建筑戏楼。戏楼为方形，其中间用罩棚封顶，四
周设二层看台，山墙和屋脊衔接处设高大的风火墙。穿过戏楼
北侧的斗门则是三进院。其院落两侧设游廊直通北房，东西游
廊中部各设一徽派月洞门通向甬道，东侧月洞门上设垂花门，
雕刻精美。三进院正房面阔五间，前出三间卷棚抱厦。

　　西路院落是阵亡淮军官兵纪念区，位于中路前院西侧的是
昭忠祠。再往西，西南为荷花塘，西北为马厩区，现已无存，
仅存西门一座。东路现仅存两栋东西向建筑，是神厨库，即伙房。

　　保定淮军公所集徽派建筑风格与北方四合院民居风格于
一身。院落布局上，中路的迎宾院、戏楼全部为南方典型的天
井式四合院，西路昭忠祠的第二进院将建筑物按照高低错落用
连廊进行了连接。戏楼与广东会馆戏楼有异曲同工之妙，在天
井式布局上方加盖罩棚。大门为砖砌徽派三楼牌坊式，其上层
为砖雕仿木牌坊，上有砖雕花饰，内部磨砖对缝斜砌，当心间
镶竖石匾，上书"敕建李文忠公祠"。层间为大理石须弥座式
束腰，下层开三座方门，门周雕花草纹饰。淮军公所的马头墙
也带有徽派建筑的特色。从复原图中可看出南边主体区域三路
轴线上的建筑两侧均设三花式样的马头墙，马头墙和配房及连
廊后的墙连成一体，形成院落整体的防护墙（图4-26）。此外，
各种建筑细节，如梁架造型及梁宇之上布满的雕刻装饰，翼角
高高翘起的垂花门，墙体抹白或用墨线画进行装饰，墙檐下的
墨线彩画，各种砖、木、石雕以及门窗雕饰，无一不体现着徽
派建筑风格（图4-27）。

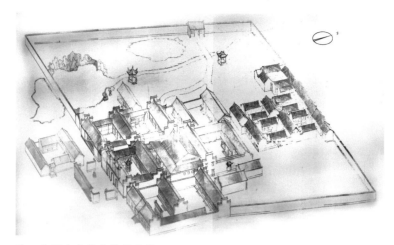

注：此图来自保定淮军公所。

图4-26　淮军公所复原建筑轴测图

A.大门

B.风火墙

C.月洞门

D.墨线装饰

图4-27　保定淮军公所今貌

　　北方建筑风格主要表现在从属建筑公所院中。在院落布局方面，公所院采用四合院中的两组并列式院落布局方法，坐北朝南，四面建房，中间为过厅。比较特殊的是，公所院的大门与一般北方四合院的不同，其东路大门居中，倒座对称分布，而西路大门则位于西侧，倒座位于中轴线上，而且都不设影壁。院内建筑无回廊连接，建筑形制均为小式硬山建筑，屋顶正脊为清水脊，或为卷棚顶。

第三节
盐官、盐商宅居

　　长芦盐商往来于盐产地与引地之间，其游历见识潜移默化地影响了他们对于建筑的审美，而盐商宅居是盐商直接出资建造的私人建筑，可以说，它们是长芦盐商形象的物质体现。长芦盐商的宅居建筑主要分布在长芦盐业中心天津以及盐业运输最后一站的引地。这是因为，盐商所领盐引的引岸是固定的，其运销路线也是固定的，盐商于天津附近进货运至引地，两头是其必然的落脚点。长芦盐商最主要的两个组成部分——津商及晋商，其各自的宅居就分布在天津和连通山西与河北的太行八陉附近。

一、长芦津籍盐商宅居

　　明清时期天津长芦盐商宅居的代表当属"天津八大家"中的"振德黄"家族宅居，黄家主要经营御河运道区河南引地的长芦盐。由于战乱等因素的破坏，黄家宅居已不复存在，其家庙形制可通过存放于天津博物馆的模型来了解（图4-28）。该建筑为方形一进院落，最前方是一个三间四柱式牌楼，两侧设旗杆。主体祠堂为二层歇山顶，院落两侧设厢房。通过其屋顶的吻兽装饰以及各类雕刻艺术，不难看出长芦盐商的经济实力以及他们所偏好的奢华精美的建筑风格。

注：摄于天津博物馆。

A. 正面   B. 侧面

图4-28　黄家家庙模型

　　此外，天津五大道历史文化街区还存有长芦盐商、"天津八大家"之一李春城（天津民间俗称"李善人"）的后代李叔福的旧居（图4-29）。该建筑为三层混合结构楼房，造型严格对称，古朴厚重，主入口由三联拱券构成，其上部立有四根通高八角柱支撑挑檐，构成开敞柱廊。建筑外表面为清水墙面，上下层窗间墙为水泥砂浆抹灰饰面。其整体属于典型的古典主义风格。再如"天津新八大家"之一的"益德王"王奎章、王益孙旧居，为两层折中主义风格的欧式建筑（图4-30）。首层由八根罗马柱支撑，前廊设有石台阶入口，二层设有带金属围栏的外廊式阳台。

图 4-29 李叔福旧居

图 4-30 王益孙旧居

二、长芦晋籍盐官盐商宅居

活跃在长芦盐区的晋商，其大多在明朝时举族迁居至长芦盐区，从而形成了长芦盐区内的盐官盐商家族型聚落。因其聚落的周边地理环境和可利用的建筑材料各有不同，这类宅居风格多变，各有特色。

（一）寨卜昌村王家大院

王氏家族于明朝时从山西迁居而来，故寨卜昌村的民居融入了晋东南的建筑风格。寨卜昌村的王家大院规模庞大，形式却相对较为统一，整体是封闭型一进二式四合宅院，院落长宽比约为3∶2。宅居主次分明，院落各自独立而又相互连通。院落格局、建筑形式及建筑体量大体相似，但各院稍有不同，其根据实地情形灵活布置。普通民居院落较为狭窄，平面布局也较为紧凑。王家大院主院的正房面阔五间，平面均为"明三暗五"的形式，配有倒座、过厅、上房、厢房；跨院的主体建筑面阔三间，建筑数量不一，形式也较为自由。从街道看过去，两侧由倒座的封闭墙体连接而成，外观比较整齐。

王家大院的1、2、3号院保存较好，均为矩形合院式格局，有位于中间的轴线，布局规整（图4-31、图4-32）。3号院

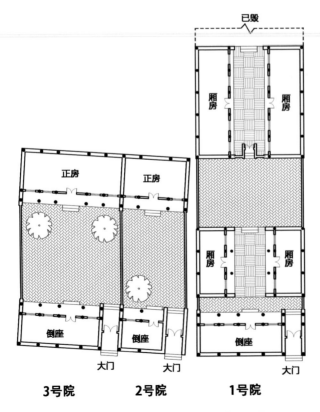

图4-31 王家大院1、2、3号院平面图

是主院，2 号院是跨院，均为抬梁结构。院落较宽敞，但大门前的道路较狭窄。同一条街道的建筑外立面统一规划，大门为木板门，左右两侧置抱鼓石门墩，均位于合院倒座的最右一间。王家大院建筑用料讲究，造型方正美观。建筑多用条石砌筑基础，再用条砖砌筑墙体，最后用灰布筒板瓦覆盖屋顶。此外，王家大院还保留有大量的木雕、砖雕和石雕作品（图 4-33），

A.1 号院

B.2 号院

C.3 号院

图 4-32 寨卜昌村王家大院今貌

图4-33　王家大院建筑装饰

如梁架斗拱上有雕刻并彩绘的龙凤花鸟人物。这些雕刻作品内容丰富，题材广泛，运用具象图形，通过谐音、隐喻、象征来传递吉祥的观念。

（二）英谈古寨路氏宅居

路氏家族为长芦盐区西河运道区域经营长芦盐的晋商，其聚居于英谈古寨。古寨建筑以德和堂、中和堂、汝霖堂、贵和堂等"四堂"为代表，宅居形式以四合院为主，多为一进，建筑依山就势，错层布置，中央围合成天井，层数一到三层不等，每层都有单独的出入口，院院相通（图4-34）。功能布置上，一层为储存之用，二层及以上则为居住空间，大部分建筑的一、二层之间没有楼梯，而是通过室外坡道或台阶连接，院内设置梯子进行补充。入口多正对耳房的山墙，以保证宅居的私密性。路氏宅居四面由石墙包围，屋顶由石瓦覆盖，材料取之于当地的红色砂岩。门窗洞口较小，颇具山西建筑特色，窗棂多为木质，样式繁多，雕刻精美。除此之外不设其他装饰，整体风格朴素简单（图4-35）。

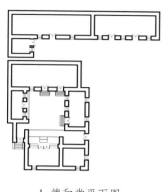
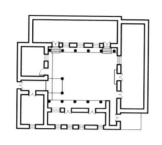
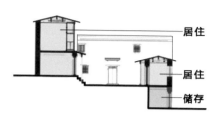

A.德和堂平面图　　　　B.贵和堂平面图　　　　C.贵和堂剖面图

图4-34　英谈古寨平面图

A.德和堂入口　　　　　　　　　　　　　B.德和堂庭院

C.贵和堂　　　　　　　　　　　　　D.屋顶石材瓦片

图4-35　英谈古寨实景图

盐业庙宇

在我国古代，为保证工作顺利、事业兴隆，各行各业基本都有崇拜的神祇，并建造有庙宇供奉其独特的行业保护神。长芦盐区的灶户与盐商也不例外，他们建造庙宇、祀祠并进行宗教活动，祈求长芦盐业兴旺。

一、长芦盐业庙宇概述

长芦盐业庙宇主要分为三种：保佑盐业丰收的庙宇、保佑盐运顺利的庙宇以及保佑盐商集体利益的庙宇。

保佑盐业丰收的庙宇如寨上盐母三官庙、灶离庙。两庙均供奉长芦盐区的特有神祇——盐母，以祈求盐业丰收。寨上盐母三官庙位于天津汉沽，由三官庙与盐母庙组成。三官庙建于明代，盐母庙为庄滩灶户李斗宾等于清嘉庆十三年（1808年）捐资建造。灶离庙位于丰财场所在的葛沽镇，庙里供奉的除了盐母，还有盐公。现今两座庙宇均已不存。

保佑盐运顺利的庙宇如天后宫、恬佑祠、元侯祠。天后宫位于天津城东，供奉海神天后娘娘，其坐西朝东，面临海河。为庆祝天后娘娘的诞辰，天津地区还在农历三月二十三这一天举办迎神赛会，也称皇会。天后宫历经多次重修，至今仍保存完整。恬佑祠和元侯祠供奉的都是平浪侯。恬佑祠位于天津城东门外河东盐坨附近，也称为小圣庙、海神庙。元侯祠位于清河县，如今仅存匾额数块、碑刻数通及后建的祠堂一座（图4-36）。

注：此图来自沧州市博物馆。

图4-36 元侯祠旧照

保佑盐商集体利益的庙宇主要是关帝庙，其在长芦盐区分布广泛，多位于各盐场附近。长芦盐商的行会组织所建立的芦纲公所内也供有关公，以示众商推举的主事之人无有偏私，能够为众谋利。除此之外，长芦盐的运道和各引地也建有一些关帝庙（图4-37、图4-38）。

: 此图来自天津市博物馆。

图4-37 天津内关帝庙旧照

图4-38 贺进十字街北阁关帝庙

长芦盐业庙宇主要集中在各盐场和天津，盐运线路上的分布较少（表4-3）。由于天津、河北等地现代化进程的快速推进以及部分地区古建筑保护意识不强，如今的长芦盐业相关庙宇建筑遗存较少。

表4-3　长芦盐场附近庙宇分布

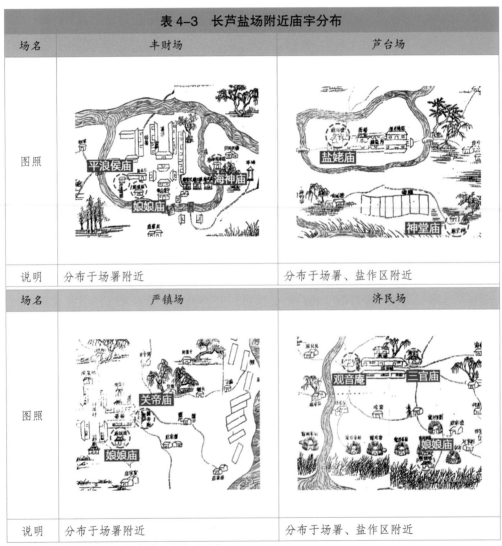

场名	丰财场	芦台场
图照		
说明	分布于场署附近	分布于场署、盐作区附近
场名	严镇场	济民场
图照		
说明	分布于场署附近	分布于场署、盐作区附近

注：表内各图底图来自嘉庆《长芦盐法志》。

二、代表性盐业庙宇建筑分析——以天津天后宫
为例

天津天后宫属于保佑盐运顺利的庙宇，供奉海神天后娘
娘。天后娘娘不仅仅是长芦盐运的保护神，还是漕运等其他一
系列运输行业的保护神。天津天后宫位于古天津城东，海河西
岸，建筑群坐西朝东，面向海河（图4-39）。元朝修会通河
和通惠河以后，大运河格局改变，天津成为漕粮和引盐转运的
重要枢纽。天后宫正是在这样的背景下于1326年创建的，后
经历朝历代多次重修。

图4-39 天津天后宫今貌

天后宫整体呈矩形，布局严谨，建筑中轴对称。从入口开始，沿中轴线由东至西依次为幡杆、山门、前殿、正殿、藏经阁，两侧有钟鼓楼、碑廊及众多配殿（图4-40）。其中山门前的广场为天后宫前举行祭祀以及其他庆典活动的集散空间，山门等处为前导空间。

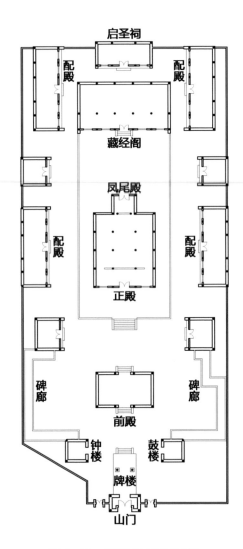

图 4-40　天津天后宫平面图

天后宫的幡杆由船上的桅杆演变而来，是天后宫的标志。幡杆后是天后宫的入口山门。山门是乾隆年间增建的，为九脊歇山顶（图4-41）。其面阔一间，有三门，中为青砖拱券门，两旁为长方形便门。门额用整砖镌刻"敕建天后宫"。紧邻山门的便是木结构二柱一楼式的牌楼。牌楼两侧北为鼓楼，南为钟楼。两楼均为二层歇山顶，平面呈方形。牌楼后是前殿，供奉天后仪仗的护法神——王灵官。其建筑是砖木混合结构，面阔三间，歇山青瓦顶，是穿堂殿的形制。前殿后即为宫内的主体建筑正殿，正殿供奉天后娘娘，建在高一米的台基之上，由三座单体建筑勾连搭接组合而成，平面呈"凸"字形。其中间的是七檩庑殿顶，面阔三间，进深三间，斗拱、梁架均可看出明代建筑风格。正殿前接面阔三间、进深一间的卷棚顶抱厦，后檐明间接卷棚悬山顶的凤尾殿，凤尾殿内背对着天后娘娘供奉观音菩萨。从正殿梁架以及凤尾殿五踩重昂斗拱均可看出明代中晚期的建筑风格。凤尾殿正对的是藏经阁，藏经阁为二层硬山顶建筑，面阔五间。藏经阁后为启圣祠，即后殿，面阔三间，祭祀天后父母。

A. 山门

B.前殿

C.正殿

D.藏经阁

图4-41 天津天后宫今貌

其他建筑

一、盐业筹建的御用建筑

天津作为京畿重地、长芦盐业中心以及漕粮转运枢纽，地位十分重要，故封建时代皇帝曾多次巡幸天津。长芦盐商为了接待皇帝、讨好朝廷进而巩固自己的地位，建造了一系列规模庞大的御用园林及建筑，如柳墅行宫、海河楼、皇船坞。这类御用建筑群规模庞大，等级高，其资金筹集、工程修建以及后期维护全都由长芦盐官和盐商负责。

（一）柳墅行宫

乾隆三十年（1765 年），经长芦盐商呈请，巡盐御史高诚奏准，于天津城南门外、海河东岸修建行宫，作为皇帝巡幸驻跸之所，乾隆皇帝御题"柳墅行宫"（图 4-42）。柳墅行宫以主入口处的轴线为界，建筑多分布在左侧，各处细节无不精美，由六条平行轴线串联的院落组合而成。主轴线右侧则为精美的园林景观。柳墅行宫规模庞大，围墙长二百四十丈，墙外种植柳树，宫墙甬道、内外朝房、殿阁亭台、溪桥山石以及林木花卉、鹤鹿禽鱼，靡不具焉。乾隆、嘉庆都曾在此驻跸，乾隆巡幸期间留下的墨宝、石刻等也都贮于行宫之内，由盐务官员经管。

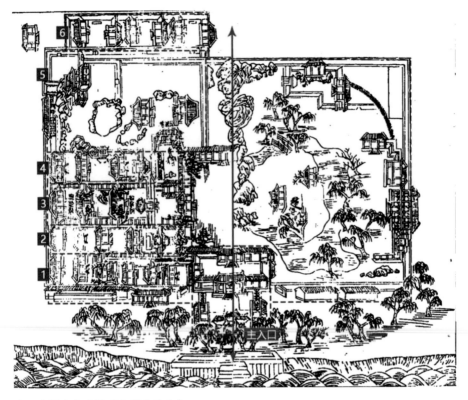

注：底图来自嘉庆《长芦盐法志》。

图4-42　柳墅行宫图

（二）海河楼

　　海河楼是乾隆三十八年（1773年），由长芦盐商捐资并奉旨建造的，其名为乾隆皇帝御笔亲题（图4-43）。海河楼位于天津三岔河口北岸，是皇帝在津巡幸各处庙宇拈香时的进茶膳之所。海河楼墙内院落由游廊围合而成，主轴线串联主楼、景观水池及进香的香炉，宫门入口偏离主轴线，位于其左侧院落。从宫门进入后需经过御座房方能进入主体院落。海河楼景色优美，有亭池、廊庑、台榭、树石，前临河为楼，檐宇峻曑，俯瞰波流，遥瞻海色（图4-44）。

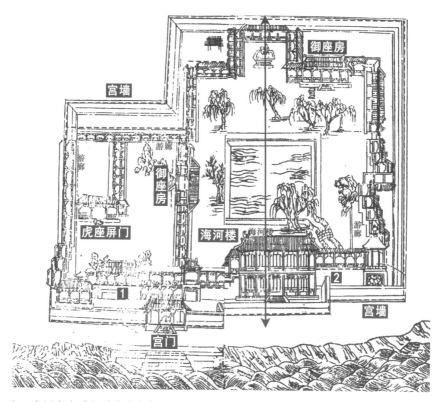

注：底图来自《长芦盐法志》。

图 4-43 海河楼图

注：此图来自天津市博物馆。

图 4-44 海河楼画作

（三）皇船坞

"皇船坞"又名水围，位于天津城东门外海河闸口附近，是用来贮存御用龙舟的建筑组团（图4-45）。康熙五十二年（1713年）谕旨修造，由长芦盐政管理，盐商随时看护修葺。皇船坞原有房屋六十七间，水炮二座，围墙一百二十丈。乾隆二十六年（1761年），经巡盐御史奏明，改建坞房三座，每座九间，备贮船只。"立内外坝以备御舟出入，设石闸以司启闭，坞旁有官厅、汛房、水手房、桅舵房、库房、东西角门。"①墙体北面呈直角，南边则砌成圆形。参照《潞河督运图》与嘉庆《长芦盐法志》中的皇船坞，可观其建筑形制与风貌，皇船坞采用了皇家建筑的红墙黄瓦（图4-46）。

炮台
辅助功能

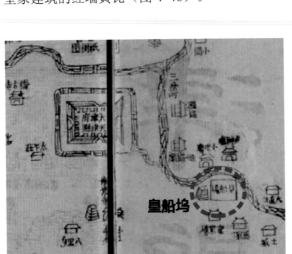

皇船坞

注：底图来自乾隆《天津县志》。

图4-45 皇船坞位置

---

① （清）黄掌纶、（清）宋湘、（清）樊宗淦等：《长芦盐法志》卷二十，清嘉庆十年刻木。

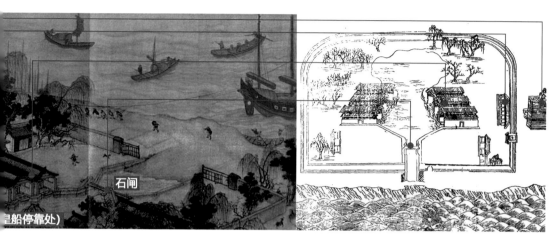

石闸

皇船停靠处)

注：底图来自《潞河督运图》（左）与《长芦盐法志》（右）。

图4-46 皇船坞

二、盐业捐建的书院建筑

长芦盐官与盐商还捐建了各类书院。清雍正帝即位后，令"天下省会各立书院"，天津的书院建设即由此兴起。在其修建、管理、运营以及修缮过程中，长芦盐业发挥了巨大作用。这些书院主轴线上多为"大门—讲堂"的形制，两侧设东西学舍。

（一）天津问津书院

问津书院由长芦盐运使提倡，盐商查为义捐出自己位于天津城内鼓楼南的一座废宅作基址，其他众商共同捐资修建。书院在平面布局上有三条轴线，共有房六十四间。主轴线上，第一进是门，第二进是讲堂，钱陈群为之题名"学海"，第三进是山长书室。两侧院落是学舍（图4-47）。

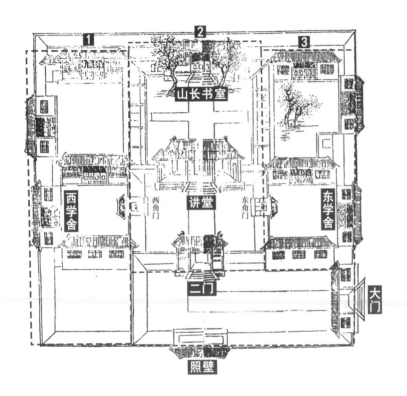

注：底图来自嘉庆《长芦盐法志》。

图4-47 问津书院图

（二）天津三取书院

三取书院位于三岔河口东岸。康熙年间，天津商民在修筑
渠黄口堤岸时发现一座已废弃的赵公祠，遂在此基础上增造学
舍、门垣，创立三取书院。三取书院形制较为简单，只有一进
院落，中轴对称。大门正对着讲堂，讲堂前左右对称立着两块
石碑，院落两侧是东西学舍（图4-48）。

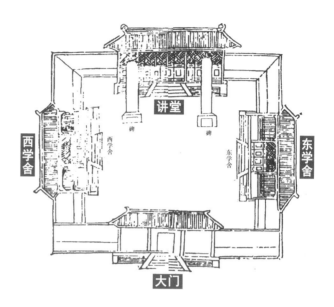

注：底图来自嘉庆《长芦盐法志》。

图 4-48 三取书院

　　问津书院与三取书院均由盐务部门管理，教师的束脩及学生的膏火、奖赏等费用，皆从长芦盐运使司的盐商捐领款项内支出。而后书院的历次修葺，也多为盐商出资。除此之外，位于天津城外西北的辅仁书院、位于宁河县治东文昌祠后的渠梁书院等，亦与长芦盐业有密切关系。除府学、书院之外，还有专为无力延师的贫民子弟而设的义学以及为商灶子弟设立的商学。天津义学多由长芦盐运使司提供经费支持，由府学学官依照官学之例稽查、考校。

（三）沧州天门书院

明代，沧州是长芦盐业的中心。天门书院位于沧州城东，万历二十七年（1599年）由巡盐御史毕三才和运使何继高等创建。建筑共两条轴线，主轴线偏左，主入口垂直于主轴线，有号房七十五间。中为讲堂，前为仪门，后为楼，左右为号舍。外有包公祠、土地祠、义学（图4-49）。清雍正初，知州重建书院，置考棚八十楹。长芦盐业中心转移至天津后，该书院渐渐被废弃。

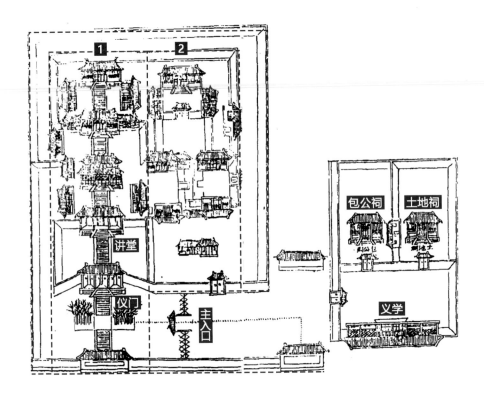

注：底图来自嘉庆《长芦盐法志》。

图4-49 天门书院图

三、盐业捐建的慈善建筑

天津的慈善事业发展过程中，无论是慈善机构的创建与运营，还是其他临时性救济活动，多依赖于盐官、盐商及盐业资金的支持。时人有诗颂称"津门好，善事出芦纲。千领共捐施袄厂，百间新建育婴堂，丸药舍端阳"[①]。诗中提到的"芦纲"便是长芦盐商行会的"芦纲公所"。盐商个人以及芦纲公所在天津开展了一系列慈善事业，建造了众多慈善类建筑。

如乾隆五十九年（1794年），天津遭遇水灾，百姓流离失所，许多婴孩被丢弃。长芦盐商周自邠出资建屋，并雇佣乳妇，收哺婴儿。因费用颇多，其家资渐渐难以支撑，长芦盐运使司将此事报给长芦巡盐御史。经御史奏准后，在天津东门外建立了"育婴堂"。育婴堂平面由二条轴线组成，共有房一百零二间，中为大堂，两厢为官厅、账房，前为米房，西偏为衣被房、制药房，东偏为庖厨、更房（图4-50）。中路轴线依次串联大堂、内堂、中婴房、北婴房。育婴堂所需经费，均从众商交纳的参课内拨出。

清前期，天津多火灾，长芦盐官盐商在救火救灾方面亦有贡献。长芦盐商武中岳之子武廷豫出资购买器具，创立了"同善救火会"，而后长芦巡盐御史莽鹄立捐献救火器具，长芦众商每年捐助会资，长芦运库每年也捐银一千余两。除此之外，长芦盐官、盐商还建立义冢及"施棺会"，帮助贫民安葬过世亲属，并出资兴建留养局、延生社、育黎堂，参与众多临时性救济活动。现上述机构均已无建筑遗存。

---

① （清）樊彬：《津门小令》，（清）华鼎元辑，张仲点校：《梓里联珠集》，天津古籍出版社，1986年，第115页。

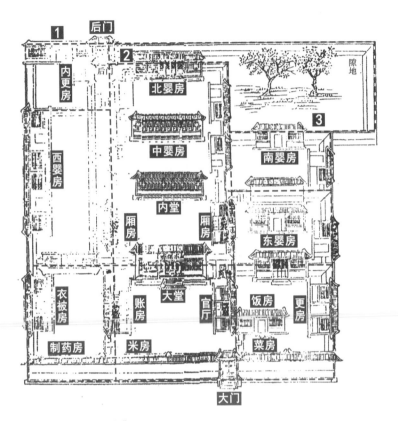

注：底图来自嘉庆《长芦盐法志》。

图 4-50　长芦育婴院图

四、盐业运输驿站建筑

明清时期长芦盐运线路上多随转运点设盐仓，以便盐官核对盐引，稽查私盐，现今这些盐仓均已无存，但盐运码头以及盐店、货栈还留有一些遗迹。

（一）保定航运站

在长芦盐区淀河运道的支流府河南岸，原有一航运站，其前身是保定一家名为"德利成"的商号，距今已有 70 余

年的历史。后于 1949 年在此建筑基础上设立府河航运管理
站。"德利成"货栈紧傍府河南岸，筑有前后两门。北门面
朝府河，南门毗临公路、铁路。曾大量吞吐东西南北各方奇
货，是老保定著名的大型货栈之一，长芦盐也在此转运售
卖。如今的航运站只剩下了一座旧式院门和一排不足百米的
"土墙"（图 4-51、图 4-52）。保定航运站见证了府河上长
芦盐运的繁华历史。

注：贾慧献老师提供。

图 4-51 保定航运站建筑遗迹正面

注：贾慧献老师提供。

图 4-52 保定航运站建筑遗迹背面

（二）清河县油坊镇盐运码头及盐店

清河县油坊镇位于长芦盐御河运道的卫河西侧。油坊镇是
嘉庆《长芦盐法志》中记载的御河运道上的重要转运点。广宗
县、威县、清河县的长芦引盐均从油坊镇落厂。古代，油坊码
头是卫河上较有名气的水陆码头和物资集散中心，包括客运码
头、百货码头、运粮码头、运盐码头、运煤码头等。如今的油
坊码头仍保存完好（图4-53）。2019年6月，油坊镇还发现
了一块重量约为300千克的清代盐砣，此盐砣是道光年间盐商
批发食盐时称盐所用（图4-54）。盐砣上方凸起，用于穿绳索，
前侧雕刻有"振德""道光二十九年"字样，其中"振德"便
是清代"天津八大家"之一"振德黄"家所经营的长芦盐字号。
此外，油坊镇还存有长芦盐店"益庆和"，是清河县重点文物
保护单位（图4-55）。

图4-53　油坊镇码头今貌

图 4-54 清代盐砣

图 4-55 "益庆和"盐店今貌

五、天津盐商私家园林

　　明清时期，随着京杭大运河南北向的运输体系趋于完善，各类商人会集于天津。而天津是清代长芦盐业的中心，长芦盐商在天津者甚多。盐商聚集了大量财富，他们开始在天津选地筑园，可以说，长芦盐商推动了天津园林的繁盛。如盐商安尚义所建沽水草堂、盐商张霖所建问津园和一亩园、盐商张映辰所建思源庄、盐商查日乾和查为仁父子所建水西庄等。当时天津的盐商或因政治需要、或为附庸风雅、或因自身的精神需要而广收金石、墨宝等储于园内。这些珍贵的收藏赋予了盐商私家园林更多的文化内涵，提高了它们在士人心目中的地位，使得长芦盐商能够"以园会友"，广揽名士，并与之结交宴游。盐商时常邀集南北名流，在私家园林中一起研学论道。可以说，盐商的私人园林为天津建筑史和天津文化史都增添了浓墨重彩的一笔。

如张霖一生尊贤重士，济人之急。每逢乡、会两闱，四方之士出都者，张霖赠以资斧，留都者则多延至津门，问津园与一亩园则成了张霖会客之所。其中，问津园树木葱郁，亭榭疏旷，一亩园则建有垂虹榭、绿宜亭、红坠楼、遂闲堂等诸多胜景，让人流连忘返。

再如，水西庄建于雍正元年（1723 年），是大盐商查家的私家园林。经过查日乾及其子查为仁两代人的经营，水西庄成为当时天津文化活动的重要场地。乾隆皇帝曾驻跸该园。园内有藕香榭、花影庵、碧海浮螺亭、揽翠轩、枕溪廊、数帆台、泊月舫、一犁春雨、绣野簃等诸多胜景，有"水木清华为津门园亭之冠"的美称。传说曹雪芹曾避难水西庄，水西庄的上流生活、景观建筑和丰富的藏书及文物古玩，是曹雪芹写作《红楼梦》时的部分素材。正因这种文化风潮，客居在水西庄的文人雅士还绘制了一幅幅水西庄的画卷，可供后人研究其园林建筑（图 4-56）。随着盐商查氏家族的衰败以及战乱造成的破坏，水西庄如今已荡然无存。1933 年河北第一博物院院长严智怡组织成立了水西庄遗址保管委员会，计划将水西庄遗址开辟为公共文化园林，后因抗战爆发而被迫停止活动（图 4-57）。

注：此底图来自天津市博物馆。

图4-56　水西庄景物图

注：此图来自天津市博物馆。

图4-57　水西庄遗址保管委员会合影

六、近代天津盐业银行

近代天津的发展依然受惠于长芦盐业甚多。天津盐业银行是近代我国著名的"北四行"之一，由袁世凯的兄嫂之弟、长芦盐运使张镇芳创办，以"辅助盐商、裕税便民"为宗旨（图4-58）。

图 4-58　天津盐业银行总部大楼今貌

天津盐业银行总部大楼由沈理源设计，建成于1928年，为钢筋混凝土砖混结构，平面近似矩形，总体为古罗马建筑风格。建筑主立面是"三段式"。中间一层面阔七间，靠中间的五间外有两层高的爱奥尼克式石柱，其檐上阁楼则使用方柱，阁楼上有花瓶栏杆式女儿墙。此立面门窗洞口一层为弧形拱券窗，二、三层为方窗（图4-59）。其余三面装饰较简单。大楼入口有两层高的爱奥尼克式巨柱支撑两侧。

图 4-59 天津盐业银行总部大楼主立面

天津盐业银行总部大楼具有很高的艺术价值，后被载入弗莱彻《建筑史》第 19 版，为天津的近代建筑赢得了世界声誉。2006 年 5 月，天津盐业银行旧址入选第六批全国重点文物保护单位；2018 年 11 月，入选第三批中国"20 世纪建筑遗产项目"名录。现天津盐业银行旧址为中国工商银行天津分行营业部。

长芦盐运视角下的
建筑文化分区探讨

长芦盐运古道上的
建筑文化交流现象

　　在食盐运销过程中，盐商不仅推动了包括食盐在内的诸多
商品通过盐运古道在长芦盐区内部大范围流通、贸易，而且也
促进了包括建筑文化在内的各地域文化通过盐运古道在长芦盐
区内部相互交流、传播，盐运古道因此成为名副其实的"文化
线路"。

　　例如，位于长芦盐区西河运道上的河北省井陉县大梁江
村，其居民的先祖于明朝时期自山西平定县迁居于此（图5-1）。
村内许多梁氏族人外出至京津地区经商，累积财富后，为了繁
衍家族光耀门庭，他们便将资金投入故乡的建设中。他们仿照

图5-1　大梁江村今貌

北京民居四合院的院落格局，就地取材，结合当地石头建筑的特色，在大梁江村先后营造起数百座京味十足的三合院、四合院等建筑。村内主要有上街、下街、中街三条街道，其他小巷纵横交错，地面多用鹅卵石或青石铺成。整个聚落随处可见京津地区建筑文化的影响。

再如，淀河运道区水网纵横，气候较为潮湿。位于保定市的清河道署有一种防潮、防碱的做法，即在建筑墙体距地表30～45厘米处隔出一层砖的厚度用木、石、瓦或芦苇来砌筑以阻隔地下潮气上升，当地人将这种做法称作"隔碱"，又根据所选材料不同，分别将其称作木隔碱、石隔碱、瓦隔碱、苇隔碱。而顺着长芦盐运线路，在大清河的下游，胜芳古镇的石家大院与张家大院也有这种做法，反映了沿盐运线路传播的建筑文化对当地建筑的影响（图5-2）。

A.清河道署木隔碱做法　B.清河道署石隔碱做法　C.胜芳镇王家大院石隔碱做法

图5-2　隔碱做法实例

又如，邯郸市的贺进古镇是长芦盐西河运道上的引地，它位于太行八陉之一的滏口陉上，是武安西部的一个重要商品集散地。明清时期山西商人带着当地山货以及莴城铁货顺着漳水，从涉县经此，运至天津贩卖，再从天津经滏阳河运送布匹、染料、煤油、长芦盐等至贺进古镇销售。调研中了解到，贺进镇十字街的南街有一间名为"昌盛永"的盐店，其所售食盐均从阳邑进货。而老家位于长芦盐运西河区末梢处英谈古寨的山西籍路氏家族所经营的长芦盐，就是运至阳邑进行贩卖的，这正与在贺进镇十字街所售长芦盐前后衔接上。贺进镇十字街的街尾分别建有东、西、南、北阁四座单拱券阁，每座阁楼都有大门。商业街为十字大街，大街的交汇处建有十字阁，十字阁也是镇区的中心，阁下门洞十字交叉，贯通四条街（图5-3）。十字阁由上下两层组成，雄伟壮观。上层面阔三间，进深三间，重檐歇山顶，上铺琉璃瓦。下层为青石拱券结构台基，石券上雕有精美图案。石拱门上方的东、西、南、北四面分别挂有四副匾额，依次为"紫气东来""晚霞生辉""正阳盛世""玄武厚德"。从十字街现有建筑可看出，贺进镇民居明显带有山西民居风格。

图5-3 贺进十字街阁楼

除此之外，山西民居建筑的照壁有一种特殊做法，即在照壁正面中心或门两侧设天地爷神龛，俗称"天地圪窟"。其形式宛如一座微缩的庙宇，屋宇、斗拱、垂花各种细节一应俱全，只是由于神龛本身体积较小，其细部做法尺度略显夸张。神龛的装饰繁简不一，但无等级差别，这种特殊做法在长芦盐区的英谈古寨与贺进镇均可看到（图5-4、图5-5）。

图5-4 英谈古寨天地爷神龛

图5-5 贺进镇天地爷神龛

第二节

长芦盐运分区与建筑文化分区

　　一方面，持续数百年的长芦盐运活动促进了盐区内部各地区之间经济与文化的交流和融合，使得我们当前在原长芦盐区的范围内，纵然是在间隔着崇山峻岭的两个地方，仍然不时能够看到一些相同的建筑文化痕迹；另一方面，长芦盐区内部各盐运分区之间也因这长期且相互独立的盐运活动而存在一定的文化差异性，从而使得其盐运分区与建筑文化分区之间具有较大程度的相似性。综合这两个方面，正好可以看出长芦盐运活动的文化意义。

　　长芦盐区内存在京津、冀东、冀中、冀南、豫北和豫中东地区六大地理板块（图 5-6），这六大地理板块与长芦盐运分区的北河区、盐场直达区、淀河区、西河区、御河区有较多的对应关系（图 2-1）。京津地区主要对应北河区，其民居为传统的四合院形式。冀东地区对应盐场直达区，在建筑文化上，冀东民居承袭了东北地区民居的传统风格，同时带有自身地域特色。冀中地区对应淀河区与小部分西河区，其民居沿袭了北京院落式民居风格，整体体现了合院式民居特点，而在细节上则带有浓厚的地方特色。冀南地区主要对应西河区，冀南民居地方特色较为明显，其典型院落格局为"两甩袖""布袋院"。豫北与豫中东地区多属御河区，其中豫北民居的基本形式是由四合院的原型构成的三合院（抽屉院）、四合院（盒子院），形制为前堂后寝、中轴对称，正厅两房，主次分明；而豫中东地区则因地处长芦盐区边界，与山东盐区、两淮盐区紧邻，且界线多有变动，所以情形较为复杂。

170

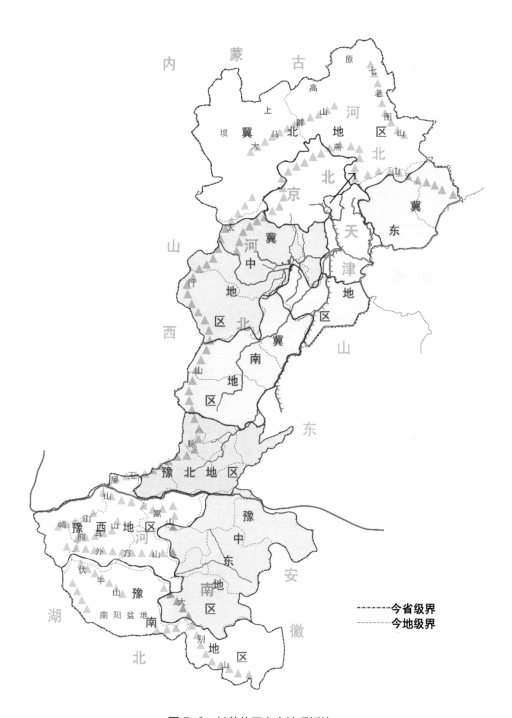

图 5-6　长芦盐区六大地理板块

由以上可见，长芦盐运古道不能简单以商道视之，它更是一条条建筑文化传播之路。因水利资源相对有限，我国北方各类商品的水路运输网络大致相同，与盐运这一物资运输同等重要的便是漕运。明代首创将运往边境的漕运与长芦盐运相结合的开中法，盐商通过向边境输送粮食等军需物资来换取盐引，从而经营盐业获利。在长芦盐区，漕运线路与盐运线路往往是相同的，比如长芦盐御河运道的京杭大运河自古以来便是南粮北运的主要航道和南北物资交流的大动脉。同时，盐商为使前往天津贩盐的船不空走，会在沿途收购大量不同种类的商品进入天津、北京市场销售，如在西河运道上，盐商从邯郸经滏阳河、子牙河运送当地磁州窑所产的瓷器到天津、北京销售，然后从天津支盐返回至各引地销售。再如英谈古寨的路氏家族，一边经营长芦盐业，一边经营其他百货，充分利用了长芦盐运古道，提高了运输效益。虽然我们不能"以盐概全"，但借由长芦盐运古道上诸多商品的流通，促进了长芦盐区范围内包括建筑文化在内的地域文化交流融合则是毫无疑义的，长芦盐运古道作为文化线路的丰富内涵也仍然需要进一步挖掘。从建筑学角度而言，比起孤立地对单个聚落与建筑进行研究，以盐运活动所带来的建筑文化的交流、建造工艺的传播等为视角，对其进行宏观研究与分析，具有更加重大的意义。

长芦盐区地处中国封建社会后期的政治核心区，承担着包括京城在内的京畿地区的食盐供应重任，其作用和历史地位都极其重要。长芦盐区建筑文化博大精深，长芦盐运使、直隶总督、长芦盐场、大运河、太行八陉、水西庄、天津盐业银行等长芦盐业史上的重要名词在明清以来的中国历史上具有极高的标识度，长芦盐业六百多年来对天津和沧州两座城市的影响是非常巨大的。时至今日，长芦盐场依然是我国最大的海盐生产地。因而保护传承长芦盐区建筑文化遗产，深入研究长芦盐业历史，都极具意义和价值。遗憾的是，就我们调研所见，正因为长芦盐区地处我国经济发达的京津地区，百年来社会变迁巨大，从而使得原本地位最为重要的长芦盐区反而出现了相关建筑文化遗产较其他盐区更少的特殊局面。为此，一方面，我们将继续加强对长芦盐区建筑文化遗产的深入研究，另一方面，也希望本书的出版，能够唤起社会公众和相关部门进一步提高保护长芦盐区建筑文化遗产的意识，以期社会各界达成共识，来共同传承数千年的长芦盐区建筑文化。

参考文献

专著

[01] 赵逵 . 历史尘埃下的川盐古道 [M]. 上海：东方出版中心，2016.

[02] 赵逵 . 川盐古道：文化线路视野中的聚落与建筑 [M]. 南京：东南大学出版社，
2008.

[03] 赵逵，张晓莉 . 中国古代盐道 [M]. 成都：西南交通大学出版社，2019.

[04] 赵逵，邵岚 . 山陕会馆与关帝庙 [M]. 上海：东方出版中心，2015.

[05] 赵逵，白梅 . 天后宫与福建会馆 [M]. 南京：东南大学出版社，2019.

[06] 丁援，宋奕 . 中国文化线路遗产 [M]. 上海：东方出版中心，2015.

[07] （清）黄掌纶等撰，刘洪升点校 . 长芦盐法志 [M]. 北京：科学出版社，2009.

[08] 郭正忠 . 中国盐业史（古代编）[M]. 上海：人民出版社，1997.

[09] 李晓峰 . 乡土建筑——跨学科研究理论与方法 [M]. 北京：中国建筑工业出版社，
2005.

[10] 陈志华，李秋香 . 中国乡土建筑初探 [M]. 北京：清华大学出版社，2012.

[11] 河北海盐博物馆 . 长芦（沧州）盐业历史文化学术研讨会论文集 [M]. 北京：
科学出版社，2017.

[12] 鲍国之 . 长芦盐业与天津 [M]. 天津：天津古籍出版社，2015.

[13] 刘森林 . 中华民居：传统住宅建筑分析 [M]. 上海：同济大学出版社，2009.

[14] 朱广宇 . 中国传统建筑：门窗、隔扇装饰艺术 [M]. 北京：机械工业出版社，
2008.

[15] 中国第一历史档案馆，天津市档案馆，天津市长芦盐业总公司 . 清代长芦盐务
档案史料选编 [M]. 天津：天津人民出版社，2014.

[16] 高鹏 . 芦砂雅韵：长芦盐业与天津文化 [M]. 天津：天津古籍出版社，2017.

[17] 胡青宇，林大岵 . 聚居的世界：冀西北传统聚落与民居建筑 [M]. 北京：中国
电力出版社，2018.

[18] 左满常，渠滔，王放 . 河南民居 [M]. 北京：中国建筑工业出版社，2012.

[19] 侯璐 . 保定古民居 [M]. 保定：河北大学出版社，2017.

学位论文

[01] 赵逵. 川盐古道上的传统聚落与建筑研究 [D]. 武汉：华中科技大学，2007.

[02] 张晓莉. 淮盐运输沿线上的聚落与建筑研究——以清四省行盐图为蓝本 [D]. 武汉：华中科技大学，2018.

[03] 刘乐. 川盐古道鄂西北段沿线上的聚落与建筑研究 [D]. 武汉：华中科技大学，2017.

[04] 张颖慧. 淮北盐运视野下的聚落与建筑研究 [D]. 武汉：华中科技大学，2020.

[05] 肖东升. 两浙盐运视野下的聚落与建筑研究 [D]. 武汉：华中科技大学，2020.

[06] 匡杰. 两广盐运古道上的聚落与建筑研究 [D]. 武汉：华中科技大学，2020.

[07] 郭思敏. 山东盐运视野下的聚落与建筑研究 [D]. 武汉：华中科技大学，2020.

[08] 王特. 长芦盐运视野下的聚落与建筑研究 [D]. 武汉：华中科技大学，2020.

[09] 陈创. 河东盐运视野下的陕、晋、豫三省聚落与建筑演变发展研究 [D]. 武汉：华中科技大学，2020.

[10] 张毅. 明清天津盐业研究（1368—1840）[D]. 天津：南开大学，2009.

[11] 吴香玲. 明清时期长芦的晋商 [D]. 长春：东北师范大学，2019.

[12] 徐应桃. 清代河南食盐行销引岸变动研究——以芦、鲁、淮、潞盐为中心 [D]. 兰州：西北师范大学，2016.

[13] 刘峻源. 沿海港口城市空间结构演进及优化研究——以天津为例 [D]. 天津：天津大学，2016.

[14] 高福美. 清代沿海贸易与天津商业的发展 [D]. 天津：南开大学，2010.

[15] 张笑轩. 明清直隶地区省府衙署建筑布局与形制研究 [D]. 北京：北京建筑大学，2017.

[16] 郝秀春. 北方地区合院式传统民居比较研究 [D]. 郑州：郑州大学，2006.

[17] 牛思佳. 冀中南地区石窑民居更新研究 [D]. 西安：西安建筑科技大学，2014.

[18] 高婵. 冀南地区传统合院式民居空间形态研究 [D]. 邯郸：河北工程大学，2015.

[19] 庄昭奎. 豫北平原地区传统民居营造技术研究 [D]. 郑州：郑州大学，2015.

[20] 李光磊. 冀南武安地区的"两甩袖"院落式传统民居研究 [D]. 西安：西安建筑科技大学，2015.

[21] 赵亚京. 中原文化与河南民居建筑形式语言研究 [D]. 金华：浙江师范大学，2015.

[22] 李海宏. 冀南地区传统民居院落空间研究 [D]. 邯郸：河北工程大学，2018.

[23] 黄盼盼. 豫东地区传统民居的类型与特征研究——以楼院式传统民居为例 [D]. 郑州：郑州大学，2014.

期刊、会议论文

[01] 赵逵，杨雪松. 川盐古道与盐业古镇的历史研究 [J]. 盐业史研究，2007(2).

[02] 赵逵，张钰，杨雪松. 川盐文化线路与传统聚落 [J]. 规划师，2007(11).

[03] 杨雪松，赵逵. "川盐古道"文化线路的特征解析 [J]. 华中建筑，2008(10).

[04] 杨雪松，赵逵. 潜在的文化线路——"川盐古道" [J]. 华中建筑，2009(3).

[05] 赵逵，桂宇晖，杜海. 试论川盐古道 [J]. 盐业史研究，2014(3).

[06] 赵逵. 川盐古道上的传统民居 [J]. 中国三峡，2014(10).

[07] 赵逵. 川盐古道上的传统聚落 [J]. 中国三峡，2014(10).

[08] 赵逵. 川盐古道上的盐业会馆 [J]. 中国三峡，2014(10).

[09] 赵逵. 川盐古道的形成与线路分布 [J]. 中国三峡，2014(10).

[10] 赵逵，张晓莉. 江苏盐城安丰古镇 [J]. 城市规划，2015(12).

[11] 赵逵，张晓莉. 江苏盐城富安古镇 [J]. 城市规划，2017(6).

[12] 赵逵，张晓莉. 江西抚州浒湾古镇 [J]. 城市规划，2017(10).

[13] 赵逵，刘乐，肖铭. 湖北房县军店老街 [J]. 城市规划，2018(1).

[14] 赵逵，张晓莉. 淮盐运输线路及沿线城镇聚落研究 [J]. 华中师范大学学报：自然科学版，2019(3).

[15] 赵逵，王特 . 长芦盐运线路上的聚落与建筑研究 [J]. 智能建筑与智慧城市，2019(11).

[16] 赵逵，白梅 . 安徽省六安市毛坦厂古镇 [J]. 城市规划，2020(1).

[17] 赵逵，程家璇 . 江西省九江市永修县吴城古镇 [J]. 城市规划，2021(9).

[18] 杨荣春 . 明清长芦严镇场考略 [J]. 盐业史研究，2014(2).

[19] 刘洪升 . 古代长芦食盐产地初考 [J]. 盐业史研究，1995(4).

[20] 刘洪升 . 试论明清长芦盐业重心的北移 [J]. 河北大学学报：哲学社会科学版，2005(3).

[21] 芮和林 . "芦盐"的由来及其演变 [J]. 盐业史研究，1991(1).

[22] 阎承遵 . 长芦盐场沿革概述 [J]. 盐业史研究，1991(3).

[23] 李晓龙 . 从认办到租办：清代盐专卖制度下长芦盐区的引岸经营研究 [J]. 中国经济史研究，2018(6).

[24] 杨大辛 . 盐坨的由来 [J]. 天津人大，2016(7).

[25] 高鹏 . 从"水神"到"盐神"——长芦盐区的盐业崇拜及对传统神祇的改造 [J]. 华北水利水电大学学报：社会科学版，2018(1).

[26] 陈克 . 长芦盐路与天津城市早期商业网络的形成 [J]. 盐业史研究，2012(3).

[27] 魏登云，杨华文 . 论明代"开中制"推行原因、实现形式及其作用 [J]. 遵义师范学院学报，2019(3).

[28] 路红，赵建波 . 天津历史风貌建筑之居住建筑概述 [J]. 中国房地产，2010(12).

[29] 沈旸 . 明清时期天津的会馆与天津城 [J]. 华中建筑，2006(11).

[30] 曲薇，曹慧玲，陈伯超 . 浅谈河北民居的院落 [J]. 建筑设计管理，2005(4).

[31] 冯向荣 . 河北传统民居建筑装饰艺术的研究与分析 [J]. 江西建材，2017(23).

[32] Li Youzi. Dynamic culture reflected in ancient Chinese architecture[J]. *China Week*. 2003(11).